ベーシック
量子論

東京工業高等専門学校教授
博士（工学）

土屋賢一 著

裳華房

BASIC QUANTUM THEORY

by

Ken‑ichi TSUCHIYA, DR. ENG.

SHOKABO

TOKYO

は　じ　め　に

　量子論の名著は，洋書にしても和書にしても枚挙に暇がありません．しかし，名著とよばれるものはいずれも格調が高く，独学しようとしても敷居が高いのは多くの人が感ずるところです．そこで，本書の執筆に当たっては，細かな計算もできるだけ省略せずにわかりやすく表現し，初学者や時を経て再度学習しようとする独学者にも，読みやすいものとなるように心がけました．本書がそのような人たちの助けとなることを願ってやみません．

　ところで，本書の取り扱う内容は，多体問題や相対論的量子力学を除いた標準的なものとしました．特に初学者のために，第1章で前期量子論を詳解しました．これをよく読んで，なぜ量子論が必要となったかを理解してほしいと思います．

　第2章から第8章では標準的な内容をわかりやすく解説しました．数式もたくさん出てきますが，高等専門学校や大学の低学年で学習する数学や物理学の知識があれば，十分理解できる内容です．

　第9章から第11章には角運動量，スピン，摂動論について，できるだけのことを盛り込みました．これらは初学者には難解かもしれません．もしそう思った場合は，その前の章までを読んで学習を終わっても，量子論の考え方は十分に理解できているはずです．その後，必要となったり，興味を持ったりしたときに読んでいただければと思います．

　また，付録には，量子論とは少し離れているが，本文を読む中で必要になることや，量子論と直接関係しているがややレベルの高いことなどを載せました．巻末には，問題の解答を載せましたが，ここに示した解法の他にもさまざまな方法がありますので，いろいろな方法を自ら考えてみてください．本文の内容に飽き足らずさらに勉強したい人は，これらをご一読下さい．

なお，日本の研究者のなかには，量子力学関連で世界的業績を挙げられた方が大勢いらっしゃいます．

例えば，本書の執筆中に名古屋大学の小澤正直教授が提唱した，不確定性原理に関する新理論が実証されて話題となりましたし，先ごろ亡くなられた日立製作所フェローの外村彰博士は Aharonov - Bohm 効果の実証実験に成功されています．

これらは本書の範囲を超えているのでここでは取り扱いませんが，本書で勉強することの遠い延長上に，これらの研究も位置していることを知っていただければ幸いです．

2013 年　夏

土屋　賢一

目　　次

第1章　前期量子論

1.1　黒体輻射 ・・・・・・・・・ 2
1.2　光電効果 ・・・・・・・・・ 5
1.3　水素原子のスペクトル ・・・ 8
1.4　ラザフォードの原子モデル・10
1.5　ボーアの水素原子モデル・・10
　　1.5.1　遠心力とクーロン力
　　　　　のつり合い ・・・・ 11
　　1.5.2　全エネルギー ・・・・ 12
　　1.5.3　水素原子のスペクトル・13
1.6　物質波 ・・・・・・・・・ 14
　　1.6.1　X線回折 ・・・・・・ 14
　　1.6.2　電子線回折 ・・・・・ 15
　　1.6.3　安定軌道上の物質波・・15
1.7　コンプトン効果 ・・・・・ 16
　　1.7.1　電子により散乱された
　　　　　X線の波長シフト ・・ 16
　　1.7.2　コンプトン波長 ・・・ 19
第1章のポイント確認 ・・・・・ 20

第2章　シュレディンガー方程式

2.1　波動方程式 ・・・・・・・ 21
2.2　シュレディンガー方程式の
　　導出 ・・・・・・・・・・ 24
　　2.2.1　物質波の波動方程式・・24
　　2.2.2　確率解釈 ・・・・・・ 27
2.3　シュレディンガー方程式の
　　線形性 ・・・・・・・・・ 29
2.4　変数分離 ・・・・・・・・ 30
2.5　自由粒子 ・・・・・・・・ 32
第2章のポイント確認 ・・・・・ 35

第3章　井戸型ポテンシャル

3.1　無限に深い1次元井戸型
　　ポテンシャル ・・・・・・ 36
　　3.1.1　境界での解の接続 ・・ 37
　　3.1.2　規格直交性 ・・・・・ 39
3.2　箱の中の粒子 ・・・・・・ 41
　　3.2.1　境界条件を満たす解・・41
　　3.2.2　規格化された波動関数・43
3.3　有限の深さの1次元井戸型
　　ポテンシャル ・・・・・・ 45
　　3.3.1　各領域でのシュレディン
　　　　　ガー方程式の解 ・・・ 45
　　3.3.2　境界条件を満たす解・・49

第3章のポイント確認 ・・・・・ 52

第4章　1次元調和振動子

4.1　古典論 ・・・・・・・・・・ 53
4.2　量子論 ・・・・・・・・・・ 55
4.3　べき級数展開を用いた解法 ・ 57
　4.3.1　展開係数間の関係 ・・・ 57
　4.3.2　境界条件 ・・・・・・・ 59
　4.3.3　エルミート多項式 ・・・ 60
第4章のポイント確認 ・・・・・ 63

第5章　水素原子の電子軌道

5.1　シュレディンガー方程式
　　　の変数分離 ・・・・・・ 64
5.2　ϕ成分の解 ・・・・・・・・ 67
5.3　θ成分の解 ・・・・・・・・ 68
　5.3.1　ルジャンドル多項式 ・ 68
　5.3.2　球面調和関数 ・・・・・ 69
5.4　動径成分の解 ・・・・・・・ 71
　5.4.1　原子単位 ・・・・・・・ 71
　5.4.2　ラゲール多項式 ・・・・ 72
　5.4.3　動径波動関数の規格化 ・ 75
5.5　全波動関数 ・・・・・・・・ 78
第5章のポイント確認 ・・・・・ 80

第6章　1次元ポテンシャルによる散乱

6.1　長方形状の1次元ポテンシャル
　　　障壁による平面波の散乱 ・ 81
　6.1.1　確率流密度 ・・・・・・ 82
　6.1.2　散乱解 ・・・・・・・・ 85
6.2　$E > V_0$の場合 ・・・・・・・ 87
　6.2.1　境界において滑らかに
　　　　つながる解 ・・・・ 87
　6.2.2　透過率 ・・・・・・・・ 88
6.3　$E < V_0$の場合 ・・・・・・・ 91
　6.3.1　境界において滑らかに
　　　　つながる解 ・・・・ 91
　6.3.2　透過率 ・・・・・・・・ 92
6.4　透過率と入射エネルギーの
　　　関係 ・・・・・・・・・ 94
6.5　$E > 0 > V_0$の場合 ・・・・ 96
第6章のポイント確認 ・・・・・ 97

第 7 章 不確定性原理

7.1 ハイゼンベルグの思考実験 ・98
7.2 量子力学との関係・・・・101
第 7 章のポイント確認・・・・・102

第 8 章 一 般 論

8.1 エルミート演算子・・・・103
8.2 交換関係・・・・・・・105
 8.2.1 演算子の交換関係と同時固有関数・・・105
 8.2.2 交換関係と不確定性原理・・・105
8.3 演算子法による1次元調和振動子・・・・・・・・107
 8.3.1 演算子 $a^\dagger$ と a の性質 ・108
 8.3.2 演算子を用いた波動関数の表現および規格化・・109
 8.3.3 演算子 $a^\dagger$ と a の意味 ・111
8.4 観測問題・・・・・・・・112
8.5 運動の恒量・・・・・・・114
第 8 章のポイント確認・・・・・116

第 9 章 角 運 動 量

9.1 軌道角運動量・・・・・・117
 9.1.1 軌道角運動量演算子・・117
 9.1.2 交換関係・・・・・・119
 9.1.3 上昇・下降演算子・・・121
9.2 軌道角運動量と水素様原子・122
9.3 軌道角運動量の方向量子化・123
9.4 正常ゼーマン効果・・・・125
 9.4.1 電子の軌道運動と磁気モーメント・・・125
 9.4.2 磁場中の磁気モーメント・・・・・・・・・127
第 9 章のポイント確認・・・・・129

第 10 章 ス ピ ン

10.1 シュテルン-ゲルラッハの実験・・・・・・・・130
10.2 ウーレンベック-ハウトシュミットの理論・・・133
10.3 スピン演算子・・・・・134
10.4 スピン軌道相互作用・・・136
 10.4.1 相互作用ポテンシャルと合成角運動量の交換

　　　　　関係・・・・・・137
　10.4.2　運動の恒量・・・・139
10.5　異常ゼーマン効果・・・144
第10章のポイント確認・・・147

第11章　摂　動　論

11.1　摂動公式・・・・・・・148
11.2　摂動公式の応用・・・・153
第11章のポイント確認・・・157

付　　録

A　黒体輻射の公式の導出・・・158
　A.1　状態密度・・・・・・158
　A.2　レイリー–ジーンズの式
　　　　・・・・・・・・・159
　A.3　プランクの式・・・・160
B　ルジャンドール関数・・・160
　B.1　分離定数 C_1・・・・・160
　B.2　ルジャンドール多項式・164
　B.3　ルジャンドール多項式
　　　　の直交性・・・・・165
　B.4　ルジャンドール多項式
　　　　の母関数・・・・・166
　B.5　ルジャンドール多項式
　　　　の規格直交性・・・168

　B.6　ルジャンドール陪多項式
　　　　の規格直交性・・・169
C　ラゲール多項式・・・・・172
D　3次元問題での確率流密度・174
E　完全系・・・・・・・・・175
F　角運動量演算子の性質・・・177
G　円電流の作る磁場・・・・・178
H　磁気双極子の作る磁場・・・180
I　磁場中での磁気モーメント
　　の運動（古典論）・・・182
J　電気双極子と電場の相互作用 184
K　磁気双極子と磁場の相互作用 184
L　物理定数表・・・・・・・185

問題解答・・・・・・・・・・・187
索引・・・・・・・・・・・・・200

1

前期量子論

　1900年前後に，古典物理学では説明のつかない現象が次々と発見された．例えば，**黒体輻射**，**光電効果**，**水素原子のスペクトル**などはその代表的なものである．これらの説明のために光量子仮説が提唱され，この仮説は多くの天才的な科学者たちによって量子論へと発展する．

　この章においては黒体輻射について述べた後，光電効果について説明する．まず，**プランク**（Planck）の量子仮説や**アインシュタイン**（Einstein）の**光量子仮説**について触れる．次に，**ボーア**（Bohr）の水素原子モデルを取り扱う．ボーアはこのモデルを用い，初めて水素原子のスペクトルの説明に成功した．これは今日用いられる理論においても基礎となっている．さらに，**ド・ブロイ**（de Broglie）の物質波について説明する．これは，それまで粒子と考えられていた電子を波動と考えるものであり，その後，**電子線回折**の実験により立証されることとなる．最後に，光量子仮説を立証した**コンプトン**（Compton）効果について説明する．

　この辺りまでの理論を，**前期量子論**と称する．これらは古典力学とはまったく異なる革命的な変化をもたらした．

【学習目標】　1900年頃に量子論の生まれた背景を踏まえ，天才たちの作り上げた新しい理論の初歩を理解する．また，数式を使ってそれらを理解する．
【Keywords】　黒体輻射，空洞放射，量子仮説，光電効果，仕事関数，しきい値振動数，阻止電圧，水素原子のスペクトル，安定軌道条件，振動数条件，物質波，コンプトン波長

1.1 黒体輻射

高温の物体は熱を発しており,直接触らなくても,手をかざしただけで暖かい.この正体は電磁波(光)であり,この放射のことを熱輻射(thermal radiation)とよぶ.熱輻射により発せられた光の色(振動数[1])は温度と関係があることは昔から知られており,例えば,鍛冶職人は溶かした鉄の温度を測ることもなく,色を見て次の工程に移る時期を適切に判断していた[2].

19 世紀後半になると,ドイツで鉄鋼業が盛んになり,その頃設立された国立物理工学研究所でも熱輻射の研究がされるようになった.この頃の研究における問題点は,物体からの光には熱輻射のみならず,反射光も混ざっていることであった.

これを解決するためには外からの光をいっさい反射せず,すべての波長の光を完全に吸収する物体があれば良かった.このような物体のことを黒体とよび,そこからの熱輻射を**黒体輻射**(black body radiation)とよぶが,実際にはそのような物体が存在するはずもなかった.

ところが,図 1.1 に示すような小さな穴の開いた空洞は,黒体とほぼ同じはたらきをすることがわかった.小さな穴から入った光は,空洞内部で反射を繰り返し,やがて内壁に吸収されて熱平衡状態となる.したがって,この穴から出てきた光には反射光は含まれず,熱平衡状態の物体から発せられた熱放射のみであると解釈できる.

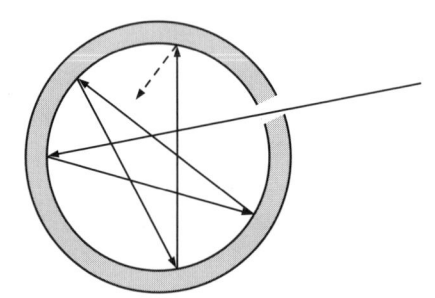

図 1.1 空洞吸収

---

[1] 光の速さを c,振動数を ν,波長を λ とすると,$c = \nu\lambda$ の関係がある.ここで,c は一定であるので,ν と λ は互いに反比例の関係にある.

[2] 光の色はその波長または振動数により決まる.可視光領域では波長の長い(振動数の小さい)光ほど赤く見え,波長の短い(振動数の大きい)光ほど紫色に見える.

すなわち，**空洞輻射**（cavity radiation）を黒体輻射と見なすことができ，これを用いて黒体輻射の研究が進められた．この実験において，輻射のエネルギーは温度 T に依存するが，この値はあらゆる振動数の電磁波からの寄与を加え合わせた（積分した）量である．そこで，振動数 ν と $\nu + d\nu$ の間における単位体積当りの輻射のエネルギーを $\rho(\nu, T)d\nu$ とおいて，研究が進められた．以下にその歴史的経緯を紹介する．

1893 年，**ウイーン**（Wien）は実験結果を再現する経験式として

$$\rho(\nu, T) = a\nu^3 e^{-b\nu/k_B T} \tag{1.1}$$

を提案した[3]．ここで，a, b は定数であり，実験結果をできるだけうまく再現するように決定される．また，k_B は**ボルツマン**（Boltzmann）**定数**，T は絶対温度である．その後，1900 年に**レイリー**（Rayleigh）と**ジーンズ**（Jeans）は独立に，古典統計力学を用いて

$$\rho(\nu, t) = \frac{8\pi\nu^2}{c^3} k_B T \tag{1.2}$$

のような理論式を導出した（付録 A 参照）[4]．

ウイーンの式は高振動数側では実験と良く合うが，低振動数側ではあまり合わなかった．一方，レイリー－ジーンズの式は低振動数側では実験と良く合うが，高振動数側では発散してしまった．

1900 年，プランクは輻射のエネルギーが離散的であると仮定して，全振動数領域で実験結果を良く再現する理論式

$$\rho(\nu, t) = \frac{8\pi\nu^2}{c^3} \frac{h\nu}{e^{h\nu/k_B T} - 1} \tag{1.3}$$

を導出した．この h は今日でも**プランク定数**として知られており，

$$h = 6.62606957 \times 10^{-34}\,\text{Js} \tag{1.4}$$

---

3) $\rho(\lambda)d\lambda$ のような表現もあるが，これは波長 λ と $\lambda + d\lambda$ の間における輻射の単位体積当りのエネルギーを示す．$c = \nu\lambda$ を用いて，二つの表現の一方から他方へ移行できる．ここで c は光速度である．

4) ここでは，輻射のエネルギーを連続量と考えているが，それは，当時としてはごく当たり前のことだった．

という値を持つ．プランクの式はウイーンの式において $a = 8\pi h/c^3$, $b = h$ とし，さらに $e^{-h\nu/k_BT} = 1/e^{h\nu/k_BT}$ を $1/(e^{h\nu/k_BT} - 1)$ としたものである．

分母から1を引くというアイデアは最初は助手が出し，その後プランクにより理論的に証明された．その際，エネルギーが連続値を取るのではなく，$h\nu$ の整数倍の離散的な値しか取らないという仮定がなされたのは前述の通りであり，これがプランクの量子仮説である（付録A参照）．この式は，全ての振動数領域において実験結果を良く再現した．

これは余談であるが，プランクはある日娘に「お父さんは大変な発見をしてしまったのかもしれない．」と語ったという．そして彼は1900年12月10日の講演で正式に量子仮説を発表している．したがって，この日が量子論の誕生日であるといわれている．

最後にこれらの公式を用いて，$T = 500$ K において計算した黒体輻射のエネルギー密度を振動数の関数として図1.2に示す．これを見ると，確かにレイリー–ジーンズの公式とプランクの公式による結果は低振動数側で一致し，ウイーンの公式とプランクの公式による結果は高振動数側で一致している．なお計算に当たっては，ウイーンの公式において $a = 8\pi h/c^3$, $b = h$

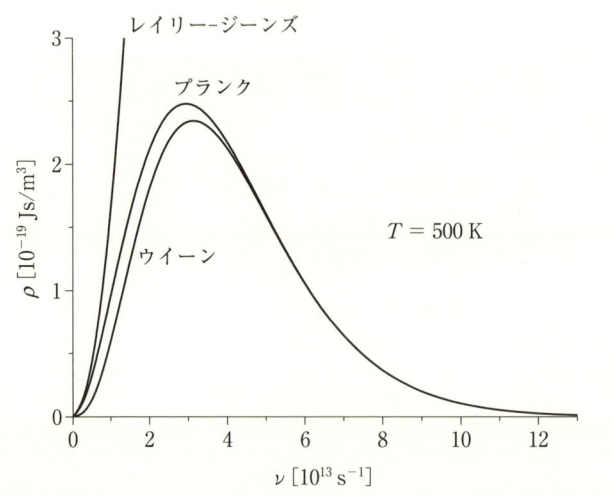

図1.2 各公式により計算した黒体輻射のエネルギー密度

とした．

◀例題 1▶ プランクの式で $h \to 0$ とすると，レイリー-ジーンズの式と一致することを示せ．

解答 (1.3)において単純に $h \to 0$ とすると，分母がゼロとなる．しかし，分子もゼロとなるので，ロピタルの定理を用いて極限を計算すると，

$$\lim_{h \to 0} \frac{\dfrac{d}{dh}(8\pi h \nu^3)}{\dfrac{d}{dh}\{c^3(e^{h\nu/k_B T}-1)\}} = \lim_{h \to 0} \frac{8\pi \nu^3}{c^3 \dfrac{\nu}{k_B T} e^{h\nu/k_B T}} = \frac{8\pi \nu^2}{c^3} k_B T$$

のように(1.2)と一致する．（このことは，量子論において $h \to 0$ とすると，古典論と一致することを示唆している．）

◀問題 1▶ ウイーンの公式を，$c = \nu\lambda$ を用いて波長の関数に直すと

$$\rho(\lambda, T) = a\left(\frac{c}{\lambda}\right)^3 e^{-bc/\lambda k_B T}$$

のように書ける．この関数を縦軸 ρ，横軸に λ を取ってグラフ化すると，やはり図1.2と似た中央にピークのある形となる．その際，極大を与える波長を $\lambda_{\max}$ とすると $\lambda_{\max} \propto T^{-1}$ となることを示せ[5]．

1.2 光電効果

1887年に**ヘルツ**（Hertz）は，放電管の陰極に紫外線を照射すると放電が起こりやすくなることを発見した．これが**光電効果**（photoelectric effect）研究の始まりといわれている．

これに続き1902年，**レナード**（Lenard）の研究により，金属に光を照射した際に飛び出す電子のエネルギーは，光の強さにはよらず光の振動数によることが明らかになった．その際，強い光を照射しても飛び出す電子の数が増えるだけで，電子1個当りのエネルギーは変わらなかった．また，ある振動数よりも大きな振動数の光を照射しなければ電子が飛び出さないこともわ

---
[5] これを**ウイーンの変位則**とよぶ．

かった.

この頃光は電磁波と考えられていたが,光が金属中の電子にエネルギーを与えることにより電子が飛び出すのであれば,光が強いほど飛び出した電子のエネルギーも大きいはずであり,古典電磁気学ではその理由を説明できなかった.

1905年,アインシュタインは振動数 ν,波長 λ の光が

$$E = h\nu \tag{1.5}$$

$$p = \frac{h}{\lambda} \tag{1.6}$$

のエネルギーおよび運動量を持った粒子としてはたらくという**光量子**(light quantum)仮説を提唱し,光電効果の理論的説明に成功した.アインシュタインは1921年にノーベル物理学賞を受賞するが,受賞理由は有名な**相対性理論**(theory of relativity)を提唱したからではなく,光電効果を理論的に説明したからであった.

なお,(1.5)および(1.6)において h はプランク定数であるが,この定数は黒体輻射や光電効果のみならず,量子論全般において極めて重要な役割を果たす.

これに続き1916年,**ミリカン**(Millikan)は図1.3に示すような装置を用いて精密な実験を行い,アインシュタインの理論を実証した.この実験では,まず真空容器中に置かれた一対の金属電極の一方に,分光器で分光した単色光を照射する.すると電子が電極から飛び出して,反対側の電極に到達し,電流計で感知される.

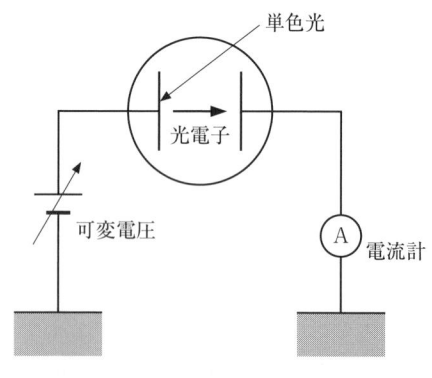

図1.3 光電効果実験装置の概念図

その際に，飛び出す電子はさまざまな大きさの運動エネルギーを持つが，両電極間に印加された電圧を調節すれば，最大の運動エネルギー $E_{\max}$ を持って飛び出した電子でさえ反対側の電極に到達できなくなる．この電圧を**阻止電圧**（blocking voltage）というが，その値は電流計の針が振れなくなった時点の電圧 V_b にあたる．この値を読み取れば，

$$E_{\max} = eV_b \tag{1.7}$$

により，最大エネルギーを計算できる．この $E_{\max}$ を，振動数 ν の関数として測定すると結果は図 1.4 のようになる．

これより次のことがわかる．金属 A および B についての結果は，平行な直線となり，その傾きは定数 h と一致する．これに対し，光電効果が起こるために必要な照射光の最低振動数は，A と B で異なる．また，直線を延長して縦軸と交差するところの値も A と B で異なる．これらは次式により解釈できる．

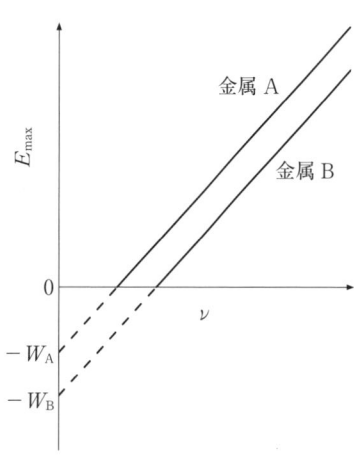

図 1.4 光電効果測定結果の概念図

$$E_{\max} = h\nu - W \tag{1.8}$$

(1.8) は，エネルギー $h\nu$ を持った光量子が金属中の電子にエネルギーを与え，そのエネルギーが金属を脱出するのに必要なエネルギー W を超えると，エネルギー $E_{\max}$ を持った光電子が金属の外に飛び出すことを意味している．ここで W は**仕事関数**（work function）とよばれ，金属ごとに固有の数 eV 程度の値を持つことが知られている．

また図 1.4 において，直線が横軸と交わる点は，**しきい値振動数**（threshold frequency）とよばれ，それよりも大きな振動数の光を照射しなければ

光電効果は起こらない．$E_\text{max} = 0$ における振動数が，しきい値振動数 ν_th に当たるので，(1.8) を用いて

$$\nu_\text{th} = \frac{W}{h} \tag{1.9}$$

により計算できる．また，直線の傾きが (1.8) のようにプランク定数と一致することも実験により確かめられている．こちらは金属の種類にはよらず一定値をとる．

なお，しきい値振動数の光の波長を**限界波長**（threshold wavelength）といい，その値は，$c = \nu_\text{th} \lambda_\text{th}$ により計算される．

◀例題 2▶ しきい値振動数が $1.04 \times 10^{15}\,\text{s}^{-1}$ のとき，仕事関数を求めよ．ただし，単位は eV とし，有効数字を 3 ケタとすること．

解答 仕事関数を W，しきい値振動数を ν_th とすると，以下のように計算できる．

$$W = h\nu_\text{th} = \frac{6.62606957 \times 10^{-34} \times 1.04 \times 10^{15}}{1.602176565 \times 10^{-19}} \fallingdotseq 4.30\,\text{eV}$$

◀問題 2▶ ある金属の光電効果の限界波長は $6855\,\text{Å}$ である．この金属に波長 $4000\,\text{Å}$ の単色光を照射した際の阻止電圧を求めよ．

1.3 水素原子のスペクトル

光は波長により屈折率が異なり，プリズムを通すと，さまざまな波長（色）の光が混ざっていてもこれを単色光に分光することができる．例えば，空に架かる虹は，さまざまな波長を含んだ太陽光が自然のプリズムを通った結果である．虹は連続的に色が変わるが，これは直観的にも自然なことのように思われる．

ところが，19 世紀後半，水素ガスを充填した放電管から発せられる光を分光すると，連続スペクトルではなく線スペクトルが得られることがわかった．そして，当時はそれを理論的に説明することができなかった．

1885 年，**バルマー**は線スペクトルの波長 λ が

$$\lambda \propto \frac{n^2}{n^2 - 4} \quad (n = 3, 4, 5, \cdots) \tag{1.10}$$

に従うことを発見した．バルマーの式に従うようなスペクトル線は**バルマー系列**とよばれている．

さらに 1890 年，**リュードベリ**（Rydberg）は

$$\frac{1}{\lambda} = R_\mathrm{H} \left(\frac{1}{m^2} - \frac{1}{n^2} \right) \quad (m = 1, 2, 3, \cdots, \ n = m + 1, \ m + 2, \cdots) \tag{1.11}$$

を提案した．ここで，定数 R_H は**リュードベリ定数**とよばれ，現在では $R_\mathrm{H} = 1.0973731568539 \times 10^7 \mathrm{m}^{-1}$ であることが実験結果からわかっている．

バルマーの発見に続き，リュードベリの式に従うさまざまな系列が発見された．それらを発見者の名前と発見年で整理すると以下のようになる．

$m = 1, \ n = 2, 3, 4, \cdots$	**ライマン**(Lyman)**系列**	1906 年
$m = 2, \ n = 3, 4, 5, \cdots$	バルマー(Balmer)系列	1885 年
$m = 3, \ n = 4, 5, 6, \cdots$	パッシェン(Paschen)系列	1908 年
$m = 4, \ n = 5, 6, 7, \cdots$	ブラケット(Brackett)系列	1922 年
$m = 5, \ n = 6, 7, 8, \cdots$	プント(Pfund)系列	1924 年
$m = 6, \ n = 7, 8, 9, \cdots$	ハンフリーズ(Humphreys)系列	1953 年

(1.11)は経験式であるが，これを古典力学を使って理論的に導出しようとしてもそれは不可能であった．なぜなら，この頃は水素原子の線スペクトルが発生するメカニズムが不明であったからである．

◀**問題 3**▶ リュードベリの式で，$m = 2$ とするとバルマーの式と一致することを示せ．

◀**問題 4**▶ ライマン系列において，最も波長の長い光が発せられるのはどのような場合で，その波長はいくらか？

1.4 ラザフォードの原子モデル

1911年,**ラザフォード**(Rutherford)は,助手の**ガイガー**(Geiger)と**マースデン**(Marsden)の実験に基づき,原子モデルを提案した.ここではそれについて簡単に説明する.

ガイガーとマースデンはラジウム[6]を線源とし,薄い金の箔に正電荷を帯びた粒子線であるα線を照射する実験を行った.その結果,大部分は直進的に通過するが,ごく一部は激しく進路を曲げられることがわかった.これを受けてラザフォードは,正電荷を帯びた小さな原子核の周りを負電荷を帯びた電子が周回し,電気的中性を保っているという原子モデルを提案した.そして前述の実験結果の説明に成功した.

つまり,ラザフォードは,正電荷を帯びた粒子線であるα線が正電荷を帯びた金原子核の近くを通過した際,正電荷同士のクーロン(Coulomb)反発力により大きく進路を曲げられると考えた.

しかし,このモデルには大きな欠点があった.負に帯電した電子が原子核を周回しているのであれば,軌道に沿って円電流が流れていることになり,電磁気学の法則によれば電磁波を放出し続けることになる.すると電子は常にエネルギーを失いながら運動し,回転半径が徐々に小さくなって,螺旋的に原子核に墜落してしまうはずである.これでは原子が安定して存在することを説明できない.

1.5 ボーアの水素原子モデル

1913年,**ボーア**はラザフォードの原子モデルの欠点を補う水素原子モデ

---

[6] ラジウム(Ra)は,1898年に**ピエール・キュリー**(Pierre Curie)と**マリー・キュリー**(Marie Curie)夫妻により発見された.この物質は放射能を帯びたアルカリ土類金属であり,α崩壊してラドン(Rn)になる.

ルを提案し，水素原子のスペクトルの説明に成功した．そのモデルは以下のような2つの条件からなる．

(ⅰ) 水素原子核を中心とする半径 r の円軌道上を，質量 m を持った1個の電子が接線方向の速度 v で周回している．このとき

$$rmv = n\hbar \quad (n = 1, 2, 3, \cdots) \tag{1.12}$$

が成り立てば，電磁波の放出がなく，安定した軌道となると仮定する．これを**安定軌道条件**という．この条件が成り立つとき，安定軌道にある電子の角運動量が $\hbar = h/2\pi$ の整数倍となる．

(ⅱ) 電子がある安定軌道から他の安定軌道へ移動する際，電磁波の放出または吸収が起こる．その際の電磁波の振動数 ν は

$$h\nu = |E_n - E_m| \tag{1.13}$$

によって決まる．ここで，E_n, E_m はそれぞれ軌道 n および m のエネルギーを示す．これを**振動数条件**とよぶ．

1.5.1 遠心力とクーロン力のつり合い

電子が円運動をすることにより遠心力が生ずる．一方，原子核と電子はそれぞれ $+e$ 及び $-e$ の電荷を持つので，クーロン引力が生ずる．前者は原子核と電子を遠ざけようとする力であり，後者は近づけようとする力である．電子が半径一定の円周上を回り続けるためには，両者はつり合っていなければならない．そのためには

$$\frac{mv^2}{r} = \frac{e^2}{4\pi\varepsilon_0 r^2} \tag{1.14}$$

が成り立つ必要がある．ここで r は原子核と電子の間の距離，ε_0 は真空の誘電率を示す．

そこで (1.12), (1.14) より v を消去すると

$$r_n = \frac{\varepsilon_0 h^2}{\pi m e^2} n^2 \tag{1.15}$$

となり，n^2 に比例した離散的な軌道半径しか許されないことがわかる．ここで $n = 1$ とした

$$r_1 = \frac{\varepsilon_0 h^2}{\pi m e^2} \tag{1.16}$$

は最も原子核に近い安定軌道の半径であり，**ボーア半径**とよばれる．

◀**問題5**▶ 物理定数の値を用いて半径の値を計算せよ．

1.5.2 全エネルギー

電子の全エネルギーは運動エネルギーと電子‐陽子間クーロン相互作用の和からなり

$$E = \frac{1}{2}mv^2 - \frac{e^2}{4\pi\varepsilon_0 r} \tag{1.17}$$

で表される[7]．これに(1.14)を用いて v^2 を消去すると

$$E = \frac{r}{2}\frac{e^2}{4\pi\varepsilon_0 r^2} - \frac{e^2}{4\pi\varepsilon_0 r} = -\frac{e^2}{8\pi\varepsilon_0 r} \tag{1.18}$$

となる．

さらに，(1.15)で求めた r_n を代入すると

$$E_n = -\frac{e^2}{8\pi\varepsilon_0}\frac{\pi m e^2}{\varepsilon_0 h^2 n^2} = -\frac{me^4}{8\varepsilon_0^2 h^2}\frac{1}{n^2} = -\frac{E_1}{n^2} \tag{1.19}$$

となり，n^2 に反比例した離散的な値しか許されないことがわかる．

ここで，$n = 1$ とした

$$E_1 = -\frac{me^4}{8\varepsilon_0^2 h^2} \tag{1.20}$$

は最も原子核に近い安定軌道のエネルギーであり，最もエネルギーが低い．この値を既知の物理量から計算すると $-13.6\,\mathrm{eV}$ であることが知られている．

---

[7] (1.17)右辺第2項は $(+e)(-e)/4\pi\varepsilon_0 r$ のことであり，$+e$ の電荷を帯びた陽子と $-e$ の電荷を帯びた電子が，距離 r を隔てて行うクーロン相互作用のエネルギーを示している．

◀**問題6**▶ 物理定数の値を用いて基底状態のエネルギーを eV 単位で計算せよ．

1.5.3 水素原子のスペクトル

エネルギー準位(1.19)を振動数条件(1.13)に代入すると，

$$h\nu = |E_1| \left| \frac{1}{m^2} - \frac{1}{n^2} \right| \quad (m \neq n, \ m, n = 1, 2, 3, \cdots) \quad (1.21)$$

を得る．この式は光の振動数 ν，波長 λ，速度 c が $c = \nu\lambda$ の関係を持つことより

$$\frac{1}{\lambda} = \frac{|E_1|}{hc} \left| \frac{1}{m^2} - \frac{1}{n^2} \right| \quad (m \neq n, \ m, n = 1, 2, 3, \cdots) \quad (1.22)$$

と書ける．この式の右辺の係数 $|E_1|/hc$ を物理定数から計算すると，(1.11)におけるリュードベリ定数 R_H と良く一致する．すなわち，ボーアの理論により(1.11)が導けたことになる．

ただし，このモデルにも限界があり，水素以外の原子のスペクトルは説明できなかった．これは電子間相互作用の影響が盛り込まれていないためである．また，そもそも安定軌道の条件は不自然である．なぜこの条件を満たした軌道上を回る電子のみが，電磁波を放出せず安定して存在することができるのか根拠がない．とにかく，こうすればうまく行くというだけである．

このように問題を含んではいるが，ボーアの理論は量子力学が完成した今日においても基準となって残っている．例えば原子や分子を取り扱う際，ボーア半径は長さの単位として用いられる．また，$|E_1| = 13.6\,\mathrm{eV}$ は1 rydberg とよばれ，エネルギーの単位として用いられる．これを**原子単位**（atomic unit）とよぶ．

なお，ボーアの理論とド・ブロイの物質波の理論を組み合わせると，安定軌道条件を満たして原子核を周回する電子は，軌道上に定在波を作ることがわかる．これについては次節で述べる．

1.6 物質波

1923年，**ド・ブロイ**は運動量 p の粒子が

$$\lambda = \frac{h}{p} \tag{1.23}$$

で与えられる波長の波としても振舞うとの仮説を発表し，この波を物質波（material wave）と名づけた．その後，この波は**ド・ブロイ波**（de Broglie wave）とよばれるようにもなった．

1927年，**デヴィソン**（Davisson）と**ジャーマー**（Germer）は，真空中で加速された電子線を固体の結晶表面に照射すると，回折現象が起こることを発見した．当時，結晶表面にX線を照射すると回折が起こることは知られていたが，粒子と考えられていた電子線の照射によっても回折が起こることは衝撃的なことであった．

1.6.1 X線回折

結晶性固体表面の下部には，層状に表面と同等の面が等間隔で存在する．このような結晶表面に，入射角 θ で波長 λ のX線を入射する．このとき，

$$2d\sin\theta = n\lambda \quad (n = 1, 2, 3, \cdots) \tag{1.24}$$

が成り立てば，表面からの反射波とそれより下の面からの反射波が強め合う．ただし，d は面間隔を表す．

このことは図1.5を見ると理解できる．点Oで反射する入射波と，点Bで反射する波は平行であると仮定すると，2つの反射波には，$\overline{AB} + \overline{BC} = 2d\sin\theta$ の光路差が生ずる．(1.24)に示した**ブラッグ条件**は，2つの反射波がお互いに強め合うための条件である．よって，光路差が波長の整数倍になるとき，この条件が成り立つ．

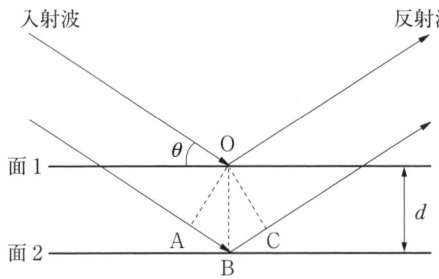

図 1.5 結晶表面による X 線回折. $\overline{OA}$ は入射波進行方向と直交, $\overline{OC}$ は反射波の進行方向と直交, $\overline{OB}$ は面と直交する. よって, $\overline{AB} = \overline{BC} = d\sin\theta$ が成り立つ.

1.6.2 電子線回折

デヴィソンとジャーマーは，加速された電子線を結晶表面に照射する実験を行った．その結果，X 線回折実験と同様に，(1.24)に従って回折現象が起こることがわかった．

この実験において加速電圧を V，電子の速度を v とすると，加速のためのエネルギーがそのまま電子のエネルギーに変わるので，

$$\frac{1}{2}mv^2 = eV \tag{1.25}$$

が成り立つ．したがって，そのときの電子の運動量は $p = \sqrt{2meV}$ であり，電子のド・ブロイ波長 λ は

$$\lambda = \frac{h}{\sqrt{2meV}} \tag{1.26}$$

で表される．これにより λ を計算し，d の値と共に(1.24)に代入して，ブラッグ条件を満たす θ の値を算出すると実験結果と良い一致を見た．この実験事実により，電子が**ド・ブロイ波長**を持つ波動としてもはたらくことが立証された．

◀**問題 7**▶ 加速電圧 100 V で加速された電子のド・ブロイ波長を計算せよ．

1.6.3 安定軌道上の物質波

ボーアの安定軌道条件を表す(1.12)に(1.23)を代入すると

$$2\pi r \frac{h}{\lambda} = nh \quad (n = 1, 2, \cdots) \quad (1.27)$$

となるが，これより

$$2\pi r = n\lambda \quad (1.28)$$

を得る．これは安定な円軌道の円周が物質波の波長の整数倍に等しいことを意味する．すなわち，ボーアの安定軌道条件は円軌道上に物質波が定在波を作る条件と同一であり，非常に興味深い．図 1.6 に $n = 12$ の場合の概念図を示しておく．

図 1.6 安定軌道（破線）上の物質波（実線）

1.7 コンプトン効果

1923 年，**コンプトン**は電子により散乱された X 線を観測し，入射波よりもわずかに波長の長い散乱波が存在することを発見した．そして，これを光子と電子の衝突問題として取り扱うと，実験結果をうまく再現することができた．この実験により，光量子仮説が立証された．これをコンプトン散乱とよぶ．

1.7.1 電子により散乱された X 線の波長シフト

まず，実験の概念図を図 1.7 に示す．これは，静止している電子に X 線を照射する実験である．このとき電子は X 線のエネルギーの一部をもらって速度 v，角度 θ で散乱される[8]．また，X 線はエネルギーの一部を失った事により振動数が ν から ν' ($\nu > \nu'$) に変わり，角度 ϕ で散乱される．

このとき反跳電子の質量 m を相対論的に表すと，静止質量 m_0 および速度 v の関数として

---

[8] 図 1.7 で反跳電子の速度ベクトルを $\boldsymbol{v}$ で表しているが，ベクトルを $\vec{v}$ で表す表記もある．本書では一貫して太字の表記の方を用いる．

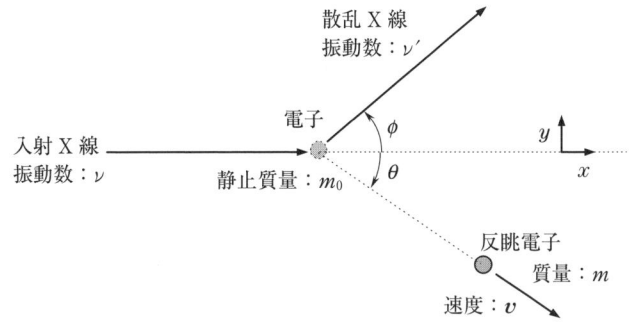

図 1.7 コンプトン効果の概念図

$$m = \frac{m_0}{\sqrt{1-\left(\dfrac{v}{c}\right)^2}} \tag{1.29}$$

となる[9]．

両者の関係は，$v \ll c$ のとき，$(1-x^2)^{-1/2} = 1 + (1/2)x^2 + \mathcal{O}(x)^4$ のようなテイラー展開を用いると[10]，

$$mc^2 \approx m_0 c^2 \left\{1 + \frac{1}{2}\left(\frac{v}{c}\right)^2\right\} = m_0 c^2 + \frac{1}{2}m_0 v^2 \tag{1.30}$$

となる．この式は $v \ll c$ のとき，mc^2 が近似的に静止エネルギーと非相対論的運動エネルギーの和となることを意味する．本書では，これ以上深入りしないが，相対論的な式と非相対論的な式はこのような関係にある．

ここで $m_0 c^2$ は電子の**静止エネルギー**を表し，mc^2 は速度 v で運動する電子のエネルギーを表す．

さて，衝突の前後での**エネルギー保存則**は

$$h\nu + m_0 c^2 = h\nu' + mc^2 \tag{1.31}$$

---

9) 1905 年，アインシュタインは特殊相対性理論を発表した．同年にアインシュタインは光電効果の理論および**ブラウン運動**（Brownian motion）の理論なども発表しており，この年は奇跡の年といわれている．

10) $\mathcal{O}(x)^4$ は x の 4 乗以上のべきの和を示し，$|x|<1$ のときに小さな値となる．

と書ける[11]．また，x および y 方向の**運動量保存則**は

$$x\text{方向：} \quad \frac{h\nu}{c} = \frac{h\nu'}{c}\cos\phi + mv\cos\theta \tag{1.32}$$

$$y\text{方向：} \quad 0 = \frac{h\nu'}{c}\sin\phi - mv\sin\theta \tag{1.33}$$

と書ける．そして，これらの式より

$$\frac{c}{\nu'} - \frac{c}{\nu} = \frac{h}{m_0 c}(1 - \cos\phi) \tag{1.34}$$

が得られる．

さらに，散乱前後の波長のシフトを $\Delta\lambda = \lambda' - \lambda$ により定義し，$c = \nu\lambda$ を用いる．また，定数 λ_0 を

$$\lambda_0 = \frac{h}{m_0 c} \tag{1.35}$$

のように定義し，これを**コンプトン波長**とよぶことにすると，(1.34) は

$$\frac{\Delta\lambda}{\lambda_0} = 1 - \cos\phi \tag{1.36}$$

となる．この式は，実験と比較しやすい形をしている．

例えば，散乱角 ϕ で散乱された X 線の波長シフト $\Delta\lambda$ を測定し，理論曲線と実験結果を比較すると両者は極めて良く一致することがわかっている．これより，光がエネルギー $h\nu$，運動量 $h\nu/c$ を持った粒子としても振舞うという光量子仮説が立証された．

なお (1.36) において，$\phi = 0$ の場合，$\Delta\lambda = 0$ となり，運動量の変化はない．これを前方散乱とよぶ．また，$\phi = \pi$ の場合，$\Delta\lambda = 2\lambda_0$ となり，波長シフトが最も大きくなる．これを後方散乱とよぶ．

◀**問題8**▶ (1.34) を導出せよ．

---

[11] (1.30) を (1.31) 右辺第 2 項に代入すると $m_0 c^2$ が両辺で相殺し，$h\nu = h\nu' + (1/2) \times m_0 v^2$ となる．これは完全に非相対論的な式である．

1.7.2 コンプトン波長

(1.35)で定義したコンプトン波長を，既知の物理定数から計算するとX線の波長程度の値となり，以下のことがいえる．まず，(1.34)をν'について解くと

$$\nu' = \frac{\nu}{1 + \frac{\lambda_0}{\lambda}(1 - \cos\phi)} \quad (1.37)$$

となる．ここで，入射波としてX線を用いるからこそ$\lambda_0/\lambda \approx 1$であり，このとき，散乱波の振動数は入射波の振動数と顕著に異なる．しかし，可視光を入射すると，波長がX線よりも非常に長いので，$\lambda_0/\lambda \approx 0$である．よって，この場合$\nu' \approx \nu$となり，両者の違いを検出するのは困難である．この実験にX線を使用するのは以上の理由による．

最後に以下のことを述べておきたい．脚注11)で述べたように，$O(v/c)^4$を無視すれば(1.31)は非相対論的な式となる．そこで，非相対論的な場合を考えると(1.31)，(1.32)，(1.33)は

$$h\nu = h\nu' + \frac{1}{2}m_0 v^2 \quad (1.38)$$

$$x\text{方向：}\quad \frac{h\nu}{c} = \frac{h\nu'}{c}\cos\phi + m_0 v \cos\theta \quad (1.39)$$

$$y\text{方向：}\quad 0 = \frac{h\nu'}{c}\sin\phi - m_0 v \sin\theta \quad (1.40)$$

と書ける．ここから出発すると結果は

$$\frac{\Delta\lambda}{\lambda_0} = \frac{1}{2}\left(\frac{\lambda}{\lambda'} + \frac{\lambda'}{\lambda}\right) - \cos\phi \quad (1.41)$$

となる．(1.41)において$\lambda \approx \lambda'$であれば右辺第1項はほぼ1となり，(1.36)に近づく．すなわち，相対論を使わずに導出した理論式は，$\Delta\lambda \approx 0$付近でしか実験結果をうまく再現することができない．

◀**問題9**▶ 物理定数の値を用いて，電子のコンプトン波長の値を計算せよ．

第1章のポイント確認

1. 黒体輻射のエネルギー密度に関するプランクの式を用いると，全波長領域で実験結果を再現でき，そこから，量子論が生まれたことを理解できた．
2. 光電効果に関するアインシュタインの理論を理解できた．
3. ボーアの理論により，水素原子のスペクトルが説明できることを理解できた．
4. コンプトンの理論により，X線による電子の散乱現象を説明できることを理解できた．
5. ド・ブロイの物資波について理解できた．

2

シュレディンガー方程式

　前期量子論におけるボーアの理論では，電子は水素原子核の周りの円軌道上を，安定軌道条件を満たすように回っていると解釈されていた．これに対し，**シュレディンガー**（Schrödinger）は1926年に波動方程式を導入して水素原子や調和振動子を取り扱った．この研究業績は，学術雑誌 Annalen der Physik に，"Quantisierung als Eigenwertproblem Ⅰ, Ⅱ, Ⅲ, Ⅳ"（固有値問題としての量子化 Ⅰ, Ⅱ, Ⅲ, Ⅳ）と題する4編の論文として発表されている．

　これにより**量子論**（quantum theory）はさらに洗練され，**量子力学**（quantum mechanics）へと進化する．ここからさらに確率解釈が生まれ，今日に至っている．この章ではシュレディンガー方程式を導出した後，その解法についていくつかの典型的な例を取り扱う．

【学習目標】 量子論の基本方程式であるシュレディンガー方程式の構造を理解し，以後さまざまな問題に適用するための準備をする．
【Keywords】 シュレディンガー方程式，線形性，変数分離，特殊解，一般解，自由粒子，平面波，波数ベクトル

2.1 波動方程式

　1次元問題において，位置を x，時刻を t で表すと，波動は

$$\phi(x,t) = A\sin\left(\frac{2\pi}{\lambda}x - 2\pi\nu t\right) = A\sin(kx - \omega t) \quad (2.1)$$

により表される．ここで，λ は**波長** (wave length)，ν は**振動数** (frequency)，A は**振幅** (amplitude) である．また，$k = 2\pi/\lambda$ は**波数** (wave number)[1]，$\omega = 2\pi\nu$ は角周波数である．

この波は $t = 0$ のとき

$$\phi(x,0) = A\sin\left(\frac{2\pi}{\lambda}x\right) = A\sin kx \quad (2.2)$$

となり，

$$\phi(x,0) = \phi(x+\lambda, 0) \quad (2.3)$$

のような周期性を持つ．この波が (2.1) に従って $+x$ 方向に移動して行く．これを図 2.1 に示す．

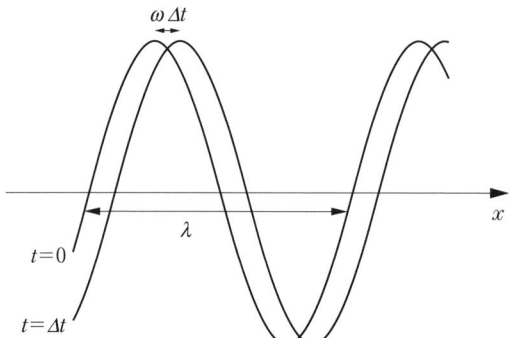

図 2.1　(2.1) に従う進行波

さて，$\phi(x,t)$ が良く知られた波動方程式

$$\frac{1}{v^2}\frac{\partial^2}{\partial t^2}\phi(x,t) = \frac{\partial^2}{\partial x^2}\phi(x,t) \quad (2.4)$$

の解であると仮定すると

$$v = \frac{\omega}{k} \quad (2.5)$$

---

[1] 波数は半径 1 の単位円の周上に波長 λ の波が何個あるかを示す量であり，量子論では頻繁に出てくる．なお，$1/\lambda$ を波数の定義とする分野もあるので，注意を要する．

が得られる．この v は**位相速度**（phase velocity）とよばれ，(2.1)で表す正弦波において一定値を与える点が移動する速度を示している．そのことは以下の計算からわかる．

まず，(2.1)の右辺の（ ）に一定値を与える点の座標 x を，x_p と書くと

$$\frac{2\pi}{\lambda} x_p - 2\pi \nu t = \text{const.} \tag{2.6}$$

が成り立つ．ここで，x_p を時間の関数として(2.6)を時間微分すると

$$\frac{2\pi}{\lambda} \frac{dx_p}{dt} - 2\pi \nu = 0 \tag{2.7}$$

となる．これより(2.5)と同様に

$$\frac{dx_p}{dt} = \nu \lambda = \frac{\omega}{k} \tag{2.8}$$

を得る．

以上から $dx_p/dt > 0$ であるので，この波が $+x$ 方向へ向かって進行する波であることがわかる．なお，(2.1)右辺において，$-2\pi\nu$ を $+2\pi\nu$ とすれば，$dx_p/dt = -\omega/k < 0$ となり，$-x$ 方向へ向かう波となる．ここで x_p は図2.1における横軸上のある一点である．例えば，$t = 0$ において山の頂上の部分の x を x_p とすると，Δt 秒後に x_p は $\omega \Delta t$ だけ増加する．

以上の事は，(2.1)として sin の代わりに $\cos\{(2\pi/\lambda)x - 2\pi\nu t\}$ を用いても，$e^{\pm i\{(2\pi/\lambda)x - 2\pi\nu t\}}$ を用いても，同様に成り立つ．

◀ 例題3 ▶ (2.5)を証明せよ．

解答 (2.1)を x および t について2階微分すると，以下のようになる．

$$\frac{\partial^2}{\partial x^2} A \sin(kx - \omega t) = -k^2 A \sin(kx - \omega t)$$

$$\frac{\partial^2}{\partial t^2} A \sin(kx - \omega t) = -\omega^2 A \sin(kx - \omega t)$$

よって，(2.1)を(2.4)に代入すると $-(\omega^2/v^2)\phi = -k^2\phi$ となることがわかる．これより $v = \omega/k$ を得る．

2.2 シュレディンガー方程式の導出

シュレディンガーは，ド・ブロイが主張するように粒子が波の性質を持つのであれば，その波が従うべき方程式があるべきだと考え，**シュレディンガー方程式**を考案した[2]．

ここでは1次元の場合について，以下の条件を満たすようにシュレディンガー方程式の導出を試みる．これらは波動方程式がド・ブロイの理論と矛盾がなく，なおかつ，エネルギーと運動量の関係が古典力学と一致するような波を表現するための条件である．

(ⅰ) 自由粒子に対しては，以下のような進行波が解となる．
$$\phi(x,t) = Ae^{i2\pi(x/\lambda - \nu t)} = Ae^{i(kx - \omega t)} \tag{2.9}$$

(ⅱ) 運動量 p，波長 λ，波数 k は $p = h/\lambda = \hbar k$ のような関係を持つ[3]．

(ⅲ) エネルギー E，振動数 ν，角周波数 ω は $E = h\nu = \hbar\omega$ のような関係を持つ．

(ⅳ) 自由粒子の場合，運動エネルギーと運動量は古典力学と同様に $E = p^2/2m$ の関係を持つ．

2.2.1 物質波の波動方程式

(2.4)のような波動方程式が以上の条件を満たしているかを確かめる．まず，(2.4)に(ⅰ)の式を代入すると
$$\frac{\omega^2}{v^2} = k^2 \tag{2.10}$$
を得る．これに(ⅱ)，(ⅲ)を用いると，E と p の関係は，

---

2) 当時すでに，電磁波が従う方程式はマックスウェル（Maxwell）の方程式として知られていた．
3) ここで定数 $\hbar = h/2\pi$ はディラック（Dirac）定数とよばれる．

$$\frac{E^2}{v^2\hbar^2} = \frac{p^2}{\hbar^2} \tag{2.11}$$

となる．よって

$$v = \frac{E}{p} \tag{2.12}$$

であり，(iv)の条件に反する．

すなわち，(2.4)はこの問題を表現する微分方程式として不適切である．
そこで適切な式を探すため，(2.9)を時間微分すると

$$\frac{\partial \psi}{\partial t} = -i\omega\psi \tag{2.13}$$

となる．この式の両辺に $i\hbar$ を掛けて(iii)を考慮すると

$$i\hbar \frac{\partial \psi}{\partial t} = E\psi \tag{2.14}$$

を得る．同様に，(2.9)を空間微分すると

$$\frac{\partial \psi}{\partial x} = ik\psi \tag{2.15}$$

$$\frac{\partial^2 \psi}{\partial x^2} = -k^2\psi \tag{2.16}$$

となる．

ここで，(2.15)の両辺に $-i\hbar$ を掛けて，(ii)を考慮すると，

$$-i\hbar \frac{\partial \psi}{\partial x} = p\psi \tag{2.17}$$

を得る．また，(2.16)の両辺に $-\hbar^2/2m$ を掛けて，(ii)を考慮すると，

$$-\frac{\hbar^2}{2m}\frac{\partial^2 \psi}{\partial x^2} = \frac{p^2}{2m}\psi \tag{2.18}$$

を得る．最後に，(2.14)および(2.18)に(iv)を考慮すると，すべての条件を満たす微分方程式は

$$-\frac{\hbar^2}{2m}\frac{\partial^2 \psi}{\partial x^2} = i\hbar \frac{\partial \psi}{\partial t} \tag{2.19}$$

であることがわかる．

ここで(2.17)は, ψ に演算子 $-i\hbar(\partial/\partial x)$ を作用させると運動量 p と ψ の積が求まることを意味している. このことから, $-i\hbar(\partial/\partial x)$ を運動量演算子とよぶ. また, (2.18)より $-(\hbar^2/2m)(\partial^2/\partial x^2)$ は運動エネルギーを表す演算子であると解釈できる.

したがって, 自由粒子ではなくポテンシャルが存在するときは, 左辺を $\{-(\hbar^2/2m)(\partial^2/\partial x^2)+V(x)\}\psi$ とするのが自然である. この場合 { } 内を $\mathcal{H}$ とおくと

$$\mathcal{H}\psi = E\psi \tag{2.20}$$

$$\mathcal{H} = -\frac{\hbar^2}{2m}\frac{\partial^2}{\partial x^2} + V(x) \tag{2.21}$$

と書ける. ここで $\mathcal{H}$ は, 古典力学と同様に量子力学においても**ハミルトニアン**(Hamiltonian) とよばれる[4].

こうして出来上がったのが,

$$\mathcal{H}\psi(x,t) = i\hbar\frac{\partial \psi(x,t)}{\partial t} \tag{2.22}$$

のような偏微分方程式であり, これがシュレディンガー方程式である.

なお, 3次元問題に対しても(2.22)と同様に,

$$\mathcal{H} = -\frac{\hbar^2}{2m}\nabla^2 + V(\boldsymbol{r}) \tag{2.23}$$

と書ける. よって, シュレディンガー方程式は

$$\mathcal{H}\psi(\boldsymbol{r},t) = i\hbar\frac{\partial}{\partial t}\psi(\boldsymbol{r},t) \tag{2.24}$$

となる.

ここで ∇ は, **ナブラ**とよばれる微分演算子であり, x, y, z 方向の単位ベクトル $\boldsymbol{i}, \boldsymbol{j}, \boldsymbol{k}$ を用いて

---

[4] H という文字は, ハミルトニアンの他にも磁場や後に出てくるエルミート多項式を表すのにも用いられる. そこで本書では, ハミルトニアンを表す文字としては少しフォントを変えた $\mathcal{H}$ を採用することにする.

$$\nabla = \boldsymbol{i}\frac{\partial}{\partial x} + \boldsymbol{j}\frac{\partial}{\partial y} + \boldsymbol{k}\frac{\partial}{\partial z} \tag{2.25}$$

$$\nabla^2 = \frac{\partial^2}{\partial x^2} + \frac{\partial^2}{\partial y^2} + \frac{\partial^2}{\partial z^2} \tag{2.26}$$

により表される．また r は，位置ベクトルでありその成分は (x,y,z) である．

以上が，量子力学の基本方程式であるシュレディンガー方程式の簡単な導出である．ここで (2.23) および (2.24) を古典力学と比較すると，次のことがわかる．まず (2.23) は，3 次元問題における古典力学のハミルトニアン

$$\mathcal{H} = \frac{\boldsymbol{p}^2}{2m} + V(\boldsymbol{r}) \tag{2.27}$$

において，運動量ベクトルを

$$\boldsymbol{p} \longrightarrow -i\hbar\nabla \tag{2.28}$$

のように演算子に変換すると得られる．また (2.24) は，全エネルギー E を

$$E \longrightarrow i\hbar\frac{\partial}{\partial t} \tag{2.29}$$

のように変換すると得られる．

(2.28) と (2.29) のような変換は，古典力学から量子力学へ移行するための極めて重要な変換であり，今後も頻繁に登場する．

◀**問題 10**▶ 平面波 $\psi(\boldsymbol{r}) = e^{i\boldsymbol{q}\cdot\boldsymbol{r}}$ は以下を満たすことを示せ．ただし，$q = |\boldsymbol{q}|$ である．

（1） $-i\hbar\nabla\psi(\boldsymbol{r}) = \hbar\boldsymbol{q}\,\psi(\boldsymbol{r})$, （2） $-\frac{\hbar^2}{2m}\nabla^2\psi(\boldsymbol{r}) = \frac{\hbar^2 q^2}{2m}\psi(\boldsymbol{r})$

2.2.2 確率解釈

当初は，(2.22) の解が何を表すのかシュレディンガー本人にもわからなかったといわれている．しかし 1926 年，**ボルン**（Born）によって $|\psi|^2$ が粒子の存在確率密度を示すと解釈されるようになった．その正当性もさまざまな実験結果との比較により立証されている．

1次元問題にこの解釈を用いると，$|\phi(x,t)|^2 dx$ は，時刻 t において x と $x+dx$ の区間で粒子が発見される確率を表している．同様に3次元問題では，時刻 t において，粒子が点 (x,y,z) 付近の微小体積要素 $dx\,dy\,dz$ の中で発見される確率は，$|\phi(x,y,z,t)|^2 dx\,dy\,dz$ で表される[5]．

ただし，この確率が相対確率ではなく絶対確率としての意味を持つためには，$|\phi|^2$ を全空間で積分した結果が1になるように係数を掛けて**規格化**（normalization）しなければならない．そのための積分を規格化積分とよぶ．シュレディンガー方程式は線形微分方程式[6]であるので，このように後で係数を掛けても元の方程式の解であることに変わりない．

ところで，一見すると水素原子の問題は1体問題に思えるが，実際には1個の陽子と1個の電子が登場する2体問題である．しかしこの場合，陽子の質量は電子の約1800倍もあり圧倒的に大きい．よって，事実上水素原子核は静止していると考えられる．これを**ボルン－オッペンハイマー近似**（Born－Oppenheimer approximation）という．これを用いると水素原子の問題は1体問題となり，比較的簡単に解くことができる．

しかし，原子番号1の水素原子を抜かせば原子核に束縛される電子は2個以上あり，ボルン－オッペンハイマー近似を用いて原子核が静止していると考えても，電子間相互作用のため**多体問題**（many-body problem）となり，さらにいくつかの手続きが必要となる[7]．また，ここで取り扱うシュレディンガー方程式は，粒子の速度や質量が小さい非相対論的問題に限定した例である．

相対性理論では時間と空間を区別せずに取り扱うが，シュレディンガー方程式は時間について1階，空間について2階の微分方程式であり，基本方程式自体が相対論と矛盾している．多体問題や相対論的量子力学については，

---

[5] 微小体積を dr と書くこともある．この場合，位置 r 付近の微小体積内で，粒子を発見する確率は $|\phi(r,t)|^2 dr$ と表される．

[6] 線形性については次節で述べる．

[7] 多体波動関数は単に変数が多いだけではなく，その対称性も重要な意味を持つ．

本書の範囲を超えているため，本書を学んだ後に是非それらを勉強していただきたい．

◀例題 4▶ ϕ^* を ϕ の共役複素数とすると，$|\phi|^2 = \phi^*\phi$ が成り立つことを示せ．

解答 実数 a, b を用いて $\phi = a + ib$ とすると，$\phi^*\phi = (a - ib)(a + ib) = a^2 + b^2$ である．よって，$|\phi|^2 = \phi^*\phi$ が成り立つ．

2.3 シュレディンガー方程式の線形性

前節で簡単に導出したシュレディンガー方程式は**線形性**（linearity）を持ち，以後，その性質を用いて解を導くこととなる．ここでは，それについて説明する．

互いに独立な 2 つの関数 $\phi_1(x,t)$ と $\phi_2(x,t)$ が，シュレディンガー方程式

$$\left\{-\frac{\hbar^2}{2m}\frac{\partial^2}{\partial x^2} + V(x)\right\}\phi(x,t) = i\hbar\frac{\partial \phi(x,t)}{\partial t} \tag{2.30}$$

の解であるとき，2 つの解の**線形結合**

$$\phi(x,t) = A\,\phi_1(x,t) + B\,\phi_2(x,t) \tag{2.31}$$

もまた解となることは以下のように証明できる．

まず 2 つの関数は，いずれも同じシュレディンガー方程式の解であるので

$$\left\{-\frac{\hbar^2}{2m}\frac{\partial^2}{\partial x^2} + V(x)\right\}\phi_1(x,t) = i\hbar\frac{\partial \phi_1(x,t)}{\partial t} \tag{2.32}$$

$$\left\{-\frac{\hbar^2}{2m}\frac{\partial^2}{\partial x^2} + V(x)\right\}\phi_2(x,t) = i\hbar\frac{\partial \phi_2(x,t)}{\partial t} \tag{2.33}$$

が成り立つ．これらの関数の定数倍も同様に

$$\left\{-\frac{\hbar^2}{2m}\frac{\partial^2}{\partial x^2} + V(x)\right\}A\,\phi_1(x,t) = i\hbar\frac{\partial A\,\phi_1(x,t)}{\partial t} \tag{2.34}$$

$$\left\{-\frac{\hbar^2}{2m}\frac{\partial^2}{\partial x^2} + V(x)\right\}B\,\phi_2(x,t) = i\hbar\frac{\partial B\,\phi_2(x,t)}{\partial t} \tag{2.35}$$

を満たす．そこで，(2.34) と (2.35) を辺々加え合わせると

$$\left\{-\frac{\hbar^2}{2m}\frac{\partial^2}{\partial x^2} + V(x)\right\}\{A\,\phi_1(x,t) + B\,\phi_2(x,t)\}$$
$$= i\hbar\frac{\partial\{A\,\phi_1(x,t) + B\,\phi_2(x,t)\}}{\partial t} \tag{2.36}$$

となる．
　すなわち

$$\left\{-\frac{\hbar^2}{2m}\frac{\partial^2}{\partial x^2} + V(x)\right\}\phi(x,t) = i\hbar\frac{\partial\phi(x,t)}{\partial t} \tag{2.37}$$

が成り立ち，これを線形性とよぶ．ここで，$\phi_1(x,t)$ および $\phi_2(x,t)$ のことを**特殊解**（particular solution），$\phi(x,t)$ のことを**一般解**（general solution）とよぶ．
　これらは当たり前のように思えるかもしれないが，シュレディンガー方程式が

$$\left\{-\frac{\hbar^2}{2m}\frac{\partial^2}{\partial x^2} + V(x)\right\}\{\phi(x,t)\}^2 = i\hbar\frac{\partial\phi(x,t)}{\partial t} \tag{2.38}$$

のような形をしている場合や

$$\left\{-\frac{\hbar^2}{2m}\frac{\partial^2}{\partial x^2} + V(x)\right\}\sin\{\phi(x,t)\} = i\hbar\frac{\partial\phi(x,t)}{\partial t} \tag{2.39}$$

のような形をしている場合は，上述のような証明をすることはできず，線形性を持たない．すなわち，これらは**非線形**（nonlinear）な微分方程式である．以後特に断らずに，シュレディンガー方程式の特殊解を線形結合して一般解とする．

2.4　変数分離

(2.22) は**時間依存シュレディンガー方程式**とよばれるが，その解は空間と

時間の関数である．ここでは，それを空間と時間に変数分離することを考える．

まず，ポテンシャルが時間の関数ではないとき，ハミルトニアンは

$$\mathcal{H} = -\frac{\hbar^2}{2m}\nabla^2 + V(\boldsymbol{r}) \tag{2.40}$$

と書ける．ここで，右辺第1項は質量 m の粒子の運動エネルギーを表す演算子であり，第2項はポテンシャルエネルギーである．

そこで，波動関数 $\phi(\boldsymbol{r}, t)$ を空間 $\boldsymbol{r}$ と時間 t に変数分離するために

$$\phi(\boldsymbol{r}, t) = \phi(\boldsymbol{r})\,T(t) \tag{2.41}$$

とおく．すると

$$\mathcal{H}\{\phi(\boldsymbol{r})\,T(t)\} = i\hbar\frac{\partial}{\partial t}\{\phi(\boldsymbol{r})\,T(t)\} \tag{2.42}$$

となる．この式は

$$T(t)\mathcal{H}\phi(\boldsymbol{r}) = i\hbar\phi(\boldsymbol{r})\frac{dT(t)}{dt} \tag{2.43}$$

と書けるので，両辺の左側より $1/\phi T$ を掛けると

$$\frac{1}{\phi(\boldsymbol{r})\,T(t)}\,T(t)\mathcal{H}\phi(\boldsymbol{r}) = \frac{1}{\phi(\boldsymbol{r})\,T(t)}\,i\hbar\phi(\boldsymbol{r})\frac{dT(t)}{dt} \tag{2.44}$$

となり，

$$\frac{1}{\phi(\boldsymbol{r})}\mathcal{H}\phi(\boldsymbol{r}) = \frac{i\hbar}{T(t)}\frac{dT(t)}{dt} \tag{2.45}$$

を得る．

この式の左辺は $\boldsymbol{r}$ のみの関数であり，右辺は t のみの関数である．そこで $\boldsymbol{r}$ と t を独立変数として，この式の両辺を t で微分すると左辺はゼロとなり，$(d/dt)\{(i/T)(dT/dt)\} = 0$ を得る．これより，$(i/T)(dT/dt)$ は時間に依存しない定数であることがわかる．同様に，両辺を空間微分すると $(1/\phi)\mathcal{H}\phi$ は空間に依存しない定数であることがわかる．

よって，(2.45)が任意の $\boldsymbol{r}$ および t について成り立つためには，$\boldsymbol{r}$ にも t にも依存しない定数 E を導入して，

$$\frac{1}{\phi(\boldsymbol{r})}\mathcal{H}\phi(\boldsymbol{r}) = \frac{i\hbar}{T(t)}\frac{dT(t)}{dt} = E \tag{2.46}$$

となる必要がある．したがって，(2.42)は

$$\mathcal{H}\phi(\boldsymbol{r}) = E\phi(\boldsymbol{r}) \tag{2.47}$$

$$\frac{dT(t)}{dt} = -i\frac{E}{\hbar}T(t) = -i\omega T(t) \tag{2.48}$$

のように，二つの式に分離された．

ここで(2.47)は，**時間独立シュレディンガー方程式**とよばれ，ポテンシャル $V(\boldsymbol{r})$ の形によりさまざまな解を持つ．分離定数 E は(2.47)の解が物理的に適切な意味を持つように決定され，**エネルギー固有値**（energy eigenvalue）とよばれる．

一方，(2.48)は，初期条件 $T(0) = T_0$ の下で

$$T(t) = T_0 e^{-i\omega t} \tag{2.49}$$

という解を持つ．この場合，$|T|^2 = |T_0|^2$ は定数であり，確率密度に寄与しない．

◀**例題5**▶ (2.49)を導出せよ．

解答 解を $T = Ae^{\lambda t}$ と仮定し，(2.48)に代入すると $\lambda Ae^{\lambda t} = -i\omega Ae^{\lambda t}$ となる．これより $\lambda = -i\omega$ であることがわかる．ここで，$T(0) = T_0$ となるためには $A = T_0$ である．よって，解は(2.49)のようになる．

2.5 自由粒子

自由粒子（free particle）とは，如何なる影響も受けずに自由に運動する粒子のことである．このとき，$V(\boldsymbol{r}) = 0$ であり，時間独立シュレディンガー方程式は

$$-\frac{\hbar^2}{2m}\nabla^2\phi(\boldsymbol{r}) = E\phi(\boldsymbol{r}) \tag{2.50}$$

と書ける．

ここで $\bm{r}$ の成分は (x, y, z) であるので，$\phi(\bm{r})$ を各成分に変数分離するため，3つの関数 $X(x), Y(y), Z(z)$ を導入して

$$\phi(\bm{r}) = X(x)Y(y)Z(z) \tag{2.51}$$

とおくと，(2.50)は

$$-\frac{\hbar^2}{2m}\left(YZ\frac{d^2X}{dx^2} + XZ\frac{d^2Y}{dy^2} + XY\frac{d^2Z}{dz^2}\right) = EXYZ \tag{2.52}$$

となる．さらに前節同様，(2.52)の両辺に左側から $1/XYZ$ を掛けると

$$-\frac{\hbar^2}{2m}\left(\frac{1}{X}\frac{d^2X}{dx^2} + \frac{1}{Y}\frac{d^2Y}{dy^2} + \frac{1}{Z}\frac{d^2Z}{dz^2}\right) = E \tag{2.53}$$

となり，

$$-\frac{\hbar^2}{2m}\frac{1}{X}\frac{d^2X}{dx^2} = E + \frac{\hbar^2}{2m}\left(\frac{1}{Y}\frac{d^2Y}{dy^2} + \frac{1}{Z}\frac{d^2Z}{dz^2}\right) \tag{2.54}$$

のように x のみの関数と y, z の関数に分離できる．

したがって，この式が任意の x, y, z に対して成り立つためには，定数 ε_x を用いて

$$-\frac{\hbar^2}{2m}\frac{1}{X}\frac{d^2X}{dx^2} = E + \frac{\hbar^2}{2m}\left(\frac{1}{Y}\frac{d^2Y}{dy^2} + \frac{1}{Z}\frac{d^2Z}{dz^2}\right) = \varepsilon_x \tag{2.55}$$

が成り立たなければならない．

同様の操作を Y, Z に対して繰り返すと

$$-\frac{\hbar^2}{2m}\frac{d^2X}{dx^2} = \varepsilon_x X \tag{2.56}$$

$$-\frac{\hbar^2}{2m}\frac{d^2Y}{dy^2} = \varepsilon_y Y \tag{2.57}$$

$$-\frac{\hbar^2}{2m}\frac{d^2Z}{dz^2} = \varepsilon_z Z \tag{2.58}$$

$$E = \varepsilon_x + \varepsilon_y + \varepsilon_z \tag{2.59}$$

が得られる．さらに，$\varepsilon_x = \hbar^2 k_x^2/2m$, $\varepsilon_y = \hbar^2 k_y^2/2m$, $\varepsilon_z = \hbar^2 k_z^2/2m$ とおき，$X(0) = X_0$, $Y(0) = Y_0$, $Z(0) = Z_0$ とすると，解は

$$X(x) = X_0 e^{ik_x x} \tag{2.60}$$

$$Y(y) = Y_0 e^{ik_y y} \tag{2.61}$$

$$Z(z) = Z_0 e^{ik_z z} \tag{2.62}$$

となる．

以上のことより，$X_0 Y_0 Z_0 = \phi_0$ とし，(k_x, k_y, k_z) を成分とするベクトルを $\boldsymbol{k}$ で表すと，(2.51) は

$$\phi(\boldsymbol{r}) = \phi_0 e^{i(k_x x + k_y y + k_z z)} = \phi_0 e^{i\boldsymbol{k} \cdot \boldsymbol{r}} \tag{2.63}$$

と書ける．ここで $\boldsymbol{k}$ は**波数ベクトル**（wave number vector）とよばれ，波の進行方向に向かうベクトルである．この解は**平面波**（plane wave）とよばれるが，その理由は $\boldsymbol{k} \cdot \boldsymbol{r} =$ const. が平面を表す方程式だからである．すなわち，平面波の位相が一定の面は $\boldsymbol{k}$ と垂直な平面を形成している．このことは図 2.2 よりわかる．

この図において，ベクトル $\boldsymbol{r}$ の始点は原点 O であり，終点は平面上の点 P である．したがって，点 O から平面までの距離 d は $|\boldsymbol{r}| \cos \theta$ で表される．ここで，O から O′ に向かうベクトルを $\boldsymbol{k}$ とすると $\boldsymbol{k} \cdot \boldsymbol{r} = |\boldsymbol{k}||\boldsymbol{r}| \cos \theta = |\boldsymbol{k}| d$ が成り立つ．

これよりベクトル $\boldsymbol{k}$ が固定されているとき，ベクトル $\boldsymbol{r}$ の終点 P が平面上のどの位置にあっても $\boldsymbol{k} \cdot \boldsymbol{r}$ は一定値を取ることがわかる．すなわち，$\boldsymbol{k} \cdot \boldsymbol{r} =$ const. を満たすベクトル $\boldsymbol{r}$ の終点が作る面は図 2.2 に示したような平面

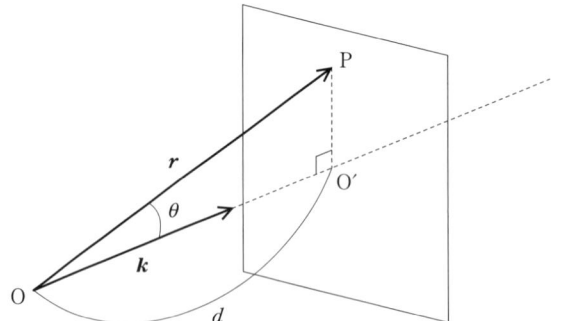

図 2.2　平面波の位相一定面

となる．また，(2.63) 右辺の係数 ϕ_0 を正の実数に限定すると[8]

$$\int_V |\phi|^2 d\bm{r} = \int_V \phi_0^* e^{-i\bm{k}\cdot\bm{r}} \phi_0 e^{i\bm{k}\cdot\bm{r}} d\bm{r} = |\phi_0|^2 \int_V d\bm{r} = |\phi_0|^2 V = 1 \tag{2.64}$$

のような規格化積分により，以下が得られる．ただし，$d\bm{r}$ は微小体積要素を表す．

$$\phi_0 = \frac{1}{\sqrt{V}} \tag{2.65}$$

第 2 章のポイント確認

1. シュレディンガー方程式がどのようにして作られたか理解できた．
2. シュレディンガー方程式の線形性について理解できた．
3. シュレディンガー方程式を時間と空間に変数分離する方法について理解できた．
4. 自由粒子に関するシュレディンガー方程式の解法について理解できた．

---

[8] ϕ_0 を正の実数に限定しなかった場合，任意の実数 α を用いて $\phi_0 = (1/\sqrt{V})e^{i\alpha}$ と書ける．しかし，$|e^{i\alpha}|^2 = e^{-i\alpha}e^{i\alpha} = 1$ であるので，因子 $e^{i\alpha}$ は確率密度に寄与しない．よって，この因子は本質的な意味を持たず省略しても構わない．これと同様のことは今後何度も出てくるが，すべて正の実数に限定して規格化する．

3

井戸型ポテンシャル

　無限に深い1次元井戸型ポテンシャルの問題は，シュレディンガー方程式が簡単に解ける典型的な例である．この章では，無限に深い井戸について1次元と3次元の場合を，その後に井戸の深さが有限な場合について，それぞれ取り扱う．この場合は，少し工夫して図を用いて解を求める．

【学習目標】　最も簡単な例を学習して，シュレディンガー方程式の解き方を理解する．
【Keywords】　境界条件，線形結合，規格直交性，基底状態，励起状態

3.1　無限に深い1次元井戸型ポテンシャル

　ここでは，最も簡単な例の一つとして，図3.1に示すような無限に深い**1次元井戸型ポテンシャル**（square well potential）中でのシュレディンガー方程式の解について考える．
　このポテンシャルを式で表すと，

$$V(x) = \begin{cases} 0 & (0 \leq x \leq L；領域\mathrm{I}) \\ \infty & (上記以外；領域\mathrm{II}) \end{cases} \tag{3.1}$$

と書ける．これを用いると，質量 m，エネルギー E の粒子に関するシュレ

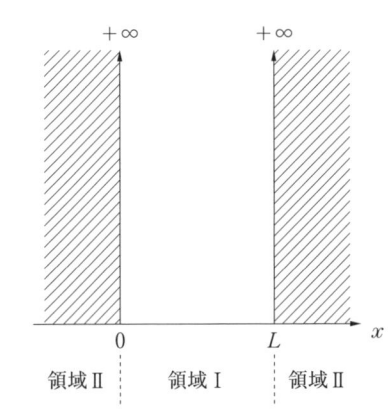

図 3.1 無限に深い 1 次元井戸型ポテンシャル

領域Ⅱ ┆ 領域Ⅰ ┆ 領域Ⅱ

ディンガー方程式は，

$$\left\{-\frac{\hbar^2}{2m}\frac{d^2}{dx^2} + V(x)\right\}\phi(x) = E\,\phi(x) \tag{3.2}$$

と表される．

3.1.1 境界での解の接続

まず領域Ⅱにおいては $V(x) = \infty$ であるので，この壁に阻まれて粒子は領域にまったく侵入できない．したがって領域Ⅱにおいて，$\phi(x) = 0$ であることは自明である．また領域Ⅰにおいては $V(x) = 0$ であるので，シュレディンガー方程式は

$$-\frac{\hbar^2}{2m}\frac{d^2}{dx^2}\phi(x) = E\,\phi(x) \tag{3.3}$$

となる．ここで，正の実数 k を用いて $E = \hbar^2 k^2/2m$ とおくと，(3.3)の一般解は

$$\phi(x) = A\sin kx + B\cos kx \tag{3.4}$$

と表される．

ところで，領域Ⅰにおける解と領域Ⅱにおける解は境界において一致していなければならない．そのためには

3. 井戸型ポテンシャル

$$\phi(0) = \phi(L) = 0 \tag{3.5}$$

が成り立つ必要があり，これを**境界条件**（boundary condition）とよぶ．このような境界条件を満たす解は

$$k = \frac{\pi}{L} n \quad (n=1,2,3,\cdots) \tag{3.6}$$

$$\phi(x) = A \sin kx \tag{3.7}$$

のように書ける．

ここで，$\sin kL = 0$ を満たすためには $n = 0, \pm 1, \pm 2, \cdots$ とすべきようにも思える．しかし，$n = 0$ の場合，波動関数は x によらず常にゼロとなってしまうので除外した．また，$n = -1$ の場合は $n = +1$ の場合の波動関数の符号を反転させる違いしかなく，$|\phi|^2$ が確率密度を表すという立場から考えると両者に本質的な差はない．よって負の整数も除外した．

◀**例題6**▶ (3.4)を導出せよ．

解答 $E = \hbar^2 k^2 / 2m$ とおくと(3.3)は

$$\frac{d^2}{dx^2} \phi(x) = -k^2 \phi(x)$$

のような2階の線形常微分方程式となる．この式の特殊解は $\sin kx$ および $\cos kx$ であるので，これらの線形結合を取ると，以下の一般解が得られる．

$$\phi(x) = A \sin kx + B \cos kx$$

◀**例題7**▶ (3.4)に示された一般解が，(3.5)のような境界条件を満たすようにせよ．

解答 (3.5)が成り立つためには，定数 A および B は

$$\phi(0) = B = 0 \tag{3.8}$$
$$\phi(L) = A \sin kL + B \cos kL = 0 \tag{3.9}$$

を満たさなければならない．このためには $B = 0$, $\sin kL = 0$ であり，境界条件を満たす解は

$$k = \frac{\pi}{L} n \quad (n = 1, 2, 3, \cdots) \tag{3.10}$$

のように書ける.

◀問題 11 ▶ (3.3)の特殊解として e^{ikx} と e^{-ikx} を採用しても,最終結果は(3.6),(3.7)と同じになることを示せ.

3.1.2 規格直交性

ここで,(3.7)を

$$\int_0^L |\phi(x)|^2 \, dx = 1 \tag{3.12}$$

により規格化する.そこで,(3.7)を(3.12)に代入すると

$$|A|^2 \int_0^L \sin^2\left(\frac{n\pi}{L}x\right) dx = |A|^2 \int_0^L \frac{1-\cos\{(2n\pi/L)\,x\}}{2} dx = |A|^2 \frac{L}{2} = 1 \tag{3.13}$$

となり,$A = \sqrt{2/L}$ である.

したがって,規格化された解は

$$\phi_n(x) = \sqrt{\frac{2}{L}} \sin\left(\frac{n\pi}{L}x\right) \quad (n=1,2,3,\cdots) \tag{3.14}$$

と書ける.また,エネルギーは

$$E_n = \frac{\hbar^2}{2m}\left(\frac{\pi}{L}\right)^2 n^2 \tag{3.15}$$

となる.

(3.14)で表される波動関数は

$$\int_0^L \phi_n^*(x)\,\phi_m(x)\,dx = \delta_{nm} \tag{3.16}$$

を満たすことが証明でき,この性質を**規格直交性**[1]とよぶ.ここで,δ_{nm} は**クロネッカー**(Kronecker)**のデルタ**とよばれ,

---

1) (3.16)左辺を,関数 ϕ_n と ϕ_m の内積とよぶ.今まで内積といえば,ベクトル同士の内積を意味し,計算結果がゼロになれば両者は直交すると考えたと思う.これと同様のことが関数同士の内積にもいえ,計算結果がゼロになれば両者は直交するという.

$$\delta_{nm} = \begin{cases} 1 & (n = m) \\ 0 & (n \neq m) \end{cases} \tag{3.17}$$

により表される．また，ϕ^* は関数 ϕ の**複素共役**（complex conjugate）を示す．ただし，この場合は実関数であるので，$*$ をつけなくても結果は同じである．

ところで，(3.15)は $E_n = E_1 n^2$ と書けるが，$E_1 = (\hbar^2/2m)(\pi/L)^2$ は L が小さくなるほど大きくなる．すなわち，より狭い井戸のエネルギー準位ほど間隔が大きくなる．これは，より狭い井戸に粒子を閉じ込めるほどエネルギーの**量子化**（quantization）が顕著になることを意味している．

同様のことが粒子の質量 m についてもいえ，より軽い粒子のエネルギー準位ほど間隔が大きくなる．このことは自由粒子の場合は起こらず，ポテンシャル内に粒子が閉じ込められた際にのみ起こる．

最後に，波動関数を図3.2に示す．ここで，**基底状態**（ground state）は $n = 1$ の状態である．また，**第1励起状態**（first excited state）は $n = 2$ の状態である．**第2励起状態**（second excited state）は $n = 3$ の状態である．いずれも境界で値が0になっている．また，山と谷の数を合わせると n の値と等しくなっている．

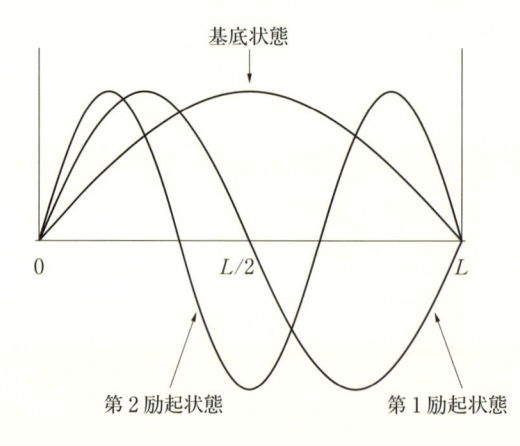

図3.2 無限に深い1次元井戸型ポテンシャル中の粒子の波動関数

◀問題 12▶ (3.16) を証明せよ．

3.2 箱の中の粒子

一辺の長さが L の立方体状の箱に閉じ込められた，質量 m の粒子に対する時間独立シュレディンガー方程式

$$\left\{-\frac{\hbar^2}{2m}\nabla^2 + V(\boldsymbol{r})\right\}\varPsi(\boldsymbol{r}) = E\varPsi(\boldsymbol{r}) \tag{3.18}$$

の解法を以下に示す．

この問題は，前節で取り扱った問題の 3 次元版といえるが，3 次元になると 1 次元のときには見られなかった現象も生ずる．まず，箱の外においては，$\varPsi = 0$ は自明である．したがって箱の表面で $\varPsi = 0$ になるように，箱の内側の解を求める．

すなわち箱の内側において，

$$-\frac{\hbar^2}{2m}\nabla^2\varPsi(\boldsymbol{r}) = E\varPsi(\boldsymbol{r}) \tag{3.19}$$

を，境界条件

$$\varPsi(0,y,z) = \varPsi(x,0,y) = \varPsi(x,y,0) = 0 \tag{3.20}$$

$$\varPsi(L,y,z) = \varPsi(x,L,z) = \varPsi(x,y,L) = 0 \tag{3.21}$$

の下に解けばよい．これは，粒子を閉じ込めた立方体の 6 個の表面上で波動関数がゼロになることを示している．

3.2.1 境界条件を満たす解

この問題は，2.5 節で示した 3 次元の自由粒子の問題と同様に，3 成分に変数分離できる．例えば，x 成分に関しては

$$X(x) = Ae^{ik_x x} + Be^{-ik_x x} \tag{3.22}$$

が境界条件

$$X(0) = X(L) = 0 \tag{3.23}$$

を満たすようにすればよい．そのためには

$$X(0) = A + B = 0 \tag{3.24}$$

$$\begin{aligned} X(L) &= Ae^{ik_xL} + Be^{-ik_xL} \\ &= (A+B)\cos k_xL + i(A-B)\sin k_xL = 0 \end{aligned} \tag{3.25}$$

より，$A + B = 0$ および $\sin k_x L = 0$ が成り立てばよい．

ここで後者を満たす波数は，任意の整数 n_x に対し $k_x = n_x \pi/L$ を満たすものに限られ，解は

$$X_{n_x}(x) = X_0 \sin\left(\frac{n_x\pi}{L}x\right) \quad (n_x = 1, 2, 3, \cdots) \tag{3.26}$$

と書ける．ここで，n_x として 0 以下の整数を採用しない理由は，前節で述べた通りである．同様にして，y, z 成分に関しても

$$Y_{n_y}(y) = Y_0 \sin\left(\frac{n_y\pi}{L}y\right) \quad (n_y = 1, 2, 3, \cdots) \tag{3.27}$$

$$Z_{n_z}(z) = Z_0 \sin\left(\frac{n_z\pi}{L}z\right) \quad (n_z = 1, 2, 3, \cdots) \tag{3.28}$$

を得る．

したがって，全波動関数は

$$\Psi_{n_xn_yn_z}(x,y,z) = X_0Y_0Z_0 \sin\left(\frac{n_x\pi}{L}x\right)\sin\left(\frac{n_y\pi}{L}y\right)\sin\left(\frac{n_z\pi}{L}z\right)$$

$$(n_x, n_y, n_z = 1, 2, 3, \cdots) \tag{3.29}$$

となる．このときエネルギーは

$$E_{n_xn_yn_z} = \frac{\hbar^2}{2m}(k_x^2 + k_y^2 + k_z^2) = \frac{\hbar^2}{2m}\left(\frac{\pi}{L}\right)^2(n_x^2 + n_y^2 + n_z^2) \tag{3.30}$$

によって表される．

ここで，基底状態のエネルギーは，$E_{111} = 3(\hbar^2/2m)(\pi/L)^2$ である．また，第 1 励起状態のエネルギーは，$E_{211} = E_{121} = E_{112} = 6(\hbar^2/2m)(\pi/L)^2$

である．その際 $\Psi_{211}, \Psi_{121}, \Psi_{112}$ は，いずれも異なる関数であり，3つの異なる状態が同一のエネルギーを取ることになる．このように，異なる状態が同じエネルギー固有値を取ることを，**縮退**（degenerate）とよぶ．特に，この場合は3重縮退とよぶ．

◀**問題 13**▶ 3次元の立方体に閉じ込められた粒子の第2励起状態は，何重縮退か．

3.2.2 規格化された波動関数

次に波動関数の規格化を，

$$\int_0^L |X_{n_x}|^2 dx = |X_0|^2 \int_0^L \sin^2\left(\frac{n_x \pi}{L}x\right)dx = 1 \qquad (3.31)$$

により行う．これは (3.13) と同じ計算であり，結果は $X_0 = \sqrt{2/L}$ となる．また，Y, Z についても同様であり，全波動関数は以下のようになる．

$$\Psi_{n_x n_y n_z}(x, y, z) = \left(\frac{2}{L}\right)^{3/2} \sin\left(\frac{n_x \pi}{L}x\right) \sin\left(\frac{n_y \pi}{L}y\right) \sin\left(\frac{n_z \pi}{L}z\right)$$

$$(n_x, n_y, n_z = 1, 2, 3, \cdots) \qquad (3.32)$$

なお，波動関数が求まったので図示したいところだが，それを2次元の紙面上に描画するのは不可能である．そこで，一辺 L の正方形状の箱に閉じ込められた粒子の波動関数として取り扱う．この場合の波動関数およびエネルギー固有値は，

$$\Psi_{n_x n_y}(x, y) = \frac{2}{L} \sin\left(\frac{n_x \pi}{L}x\right)\sin\left(\frac{n_y \pi}{L}y\right) \quad (n_x, n_y = 1, 2, 3, \cdots)$$

$$(3.33)$$

$$E_{n_x n_y} = \frac{\hbar^2}{2m}\left(\frac{\pi}{L}\right)^2 (n_x^2 + n_y^2) \qquad (3.34)$$

によって表される．

これを用い $\Psi_{11}(x, y)$ を図 3.3 に，$\Psi_{23}(x, y)$ を図 3.4 に示す．描画範囲は両方の場合ともに箱の内側であり，$0 < x < L$ および $0 < y < L$ である．図 3.3 および図 3.4 を見ると，x 方向の山および谷の数は n_x 個，同じく y 方向

の山および谷の数は n_y 個であることがわかる．また，箱の表面（ふち）では波動関数がゼロとなっており，境界条件が満たされていることがわかる．

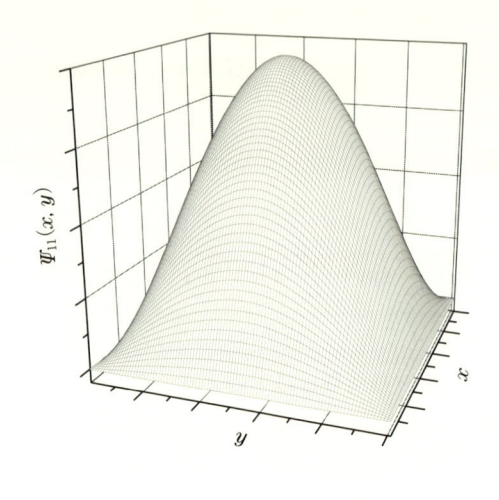

図3.3　2次元の箱に閉じ込められた粒子の波動関数 $\Psi_{11}(x,y)$

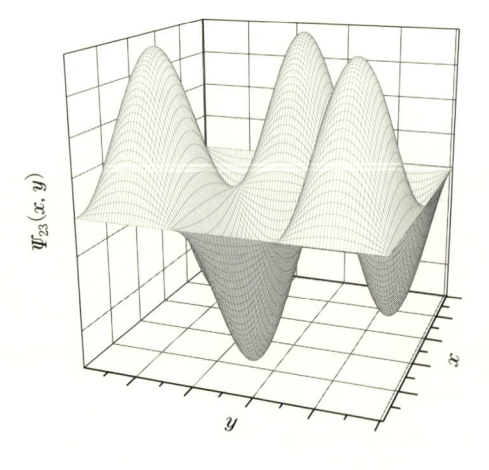

図3.4　2次元の箱に閉じ込められた粒子の波動関数 $\Psi_{23}(x,y)$

3.3 有限の深さの1次元井戸型ポテンシャル

井戸の深さが有限の場合は，井戸の外においても波動関数がゼロではなくなるため，井戸の内外両方でシュレディンガー方程式を解く必要がある．また，井戸の外と内の境界においては，波動関数が滑らかに接続する必要がある．よって，無限に深い場合のように簡単には解けないが，図を用いて解を求める．

3.3.1 各領域でのシュレディンガー方程式の解

まず，ポテンシャルの高さを V_0，幅を L とし，

$$V(x) = \begin{cases} V_0 & (x < -L/2 \,;\, 領域\text{I}) \\ 0 & (-L/2 \leq x \leq L/2 \,;\, 領域\text{II}) \\ V_0 & (L/2 < x \,;\, 領域\text{III}) \end{cases} \quad (3.35)$$

のように記述する．このポテンシャルは図3.5のような形をしている．

ここで井戸の内部，すなわち領域IIの解は(3.4)と同じであり，

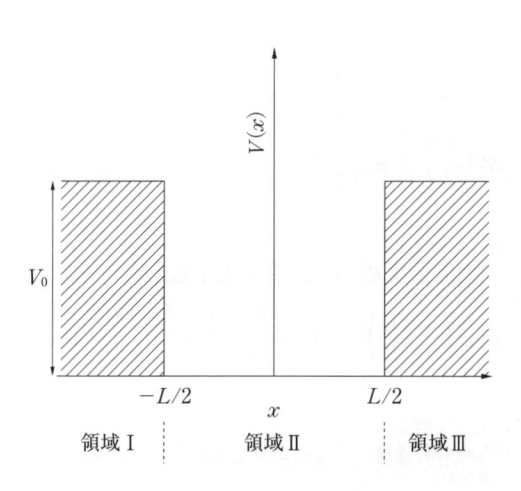

$$\phi_\text{II}(x) = A \sin kx + B \cos kx \quad (3.36)$$

図3.5 有限の深さの1次元井戸型ポテンシャル

と書ける.

また，領域ⅠおよびⅢにおいては正の実数 α を用いて $\hbar^2\alpha^2/2m = V_0 - E$ とおくと[2]，シュレディンガー方程式は

$$\frac{d^2\phi(x)}{dx^2} = \alpha^2 \phi(x) \tag{3.37}$$

となり，特殊解は $e^{\alpha x}$ と $e^{-\alpha x}$ である．ただし領域Ⅰでは，$x \to -\infty$ において波動関数が発散しないためには，$e^{-\alpha x}$ を捨てる必要がある[3]．すなわち，

$$\phi_\mathrm{I}(x) = F e^{\alpha x} \tag{3.38}$$

である．同様に領域Ⅲでは，$x \to \infty$ において波動関数が発散しないためには，$e^{\alpha x}$ を捨てる必要がある．すなわち以下のようになる．

$$\phi_\mathrm{III}(x) = G e^{-\alpha x} \tag{3.39}$$

次に，境界において波動関数が滑らかにつながるように定数 A, B, F, G を決定する．そのためには，境界においてその両側の波動関数の値が一致し，さらに微分値も一致する必要がある．よって，$x = -L/2$ においては

$$\phi_\mathrm{I}\left(-\frac{L}{2}\right) = \phi_\mathrm{II}\left(-\frac{L}{2}\right) \tag{3.40}$$

$$\phi_\mathrm{I}'\left(-\frac{L}{2}\right) = \phi_\mathrm{II}'\left(-\frac{L}{2}\right) \tag{3.41}$$

が成り立つべきである．同様に，$x = L/2$ においても

$$\phi_\mathrm{II}\left(\frac{L}{2}\right) = \phi_\mathrm{III}\left(\frac{L}{2}\right) \tag{3.42}$$

$$\phi_\mathrm{II}'\left(\frac{L}{2}\right) = \phi_\mathrm{III}'\left(\frac{L}{2}\right) \tag{3.43}$$

が成り立つべきである．

そこで，これらに(3.38)，(3.36)および(3.39)を代入すると

$$F e^{-\alpha L/2} = A \sin\left(-\frac{kL}{2}\right) + B \cos\left(-\frac{kL}{2}\right) \tag{3.44}$$

---

[2] ここでは $E < V_0$ の場合に限定して解を求める．
[3] α を正の実数としたのは，どちらの特殊解を捨てるか特定するためである．

3.3 有限の深さの１次元井戸型ポテンシャル

$$\alpha F e^{-\alpha L/2} = kA\cos\left(-\frac{kL}{2}\right) - kB\sin\left(-\frac{kL}{2}\right) \quad (3.45)$$

$$A\sin\left(\frac{kL}{2}\right) + B\cos\left(\frac{kL}{2}\right) = Ge^{-\alpha L/2} \quad (3.46)$$

$$kA\cos\left(\frac{kL}{2}\right) - kB\sin\left(\frac{kL}{2}\right) = -\alpha Ge^{-\alpha L/2} \quad (3.47)$$

を得る.

ここで, $e^{-\alpha L/2} = e$, $\sin(kL/2) = s$, $\cos(kL/2) = c$ とおくと

$$-As + Bc = Fe \quad (3.48)$$

$$k(Ac + Bs) = \alpha Fe \quad (3.49)$$

$$As + Bc = Ge \quad (3.50)$$

$$k(Ac - Bs) = -\alpha Ge \quad (3.51)$$

と書ける. これらの式より F および G を消去すると

$$-(\alpha s + kc)A + (\alpha c - ks)B = 0 \quad (3.52)$$

$$(\alpha s + kc)A + (\alpha c - ks)B = 0 \quad (3.53)$$

を得る.

よって,

$$(\alpha s + kc)A = 0 \quad (3.54)$$

$$(\alpha c - ks)B = 0 \quad (3.55)$$

が同時に成り立たなければならない. これを満たすのは, 以下4つの場合である.

(ⅰ) $A = B = 0$

(ⅱ) $\alpha s + kc = \alpha c - ks = 0$

(ⅲ) $A = 0$, $\alpha c - ks = 0$

(ⅳ) $B = 0$, $\alpha s + kc = 0$

ここで, (ⅰ)は $\phi_{\mathrm{II}}(x) = 0$ を意味する. これでは井戸の中における波動関数が, x にかかわらずゼロとなってしまい, 不適切である. また $V_0 \neq 0$ の

場合，$\alpha^2 + k^2 \neq 0$ であるので(ii)は $s = c = 0$ を意味する[4]．しかし，$\sin x = \cos x = 0$ となることは数学的にありえないので，これも不適切である．(iii), (iv)に関しては成り立つ可能性があるので，以下で吟味する．

(iii) $A = 0$, $\alpha c - ks = 0$ の場合

(3.48)と(3.50)に $A = 0$ を代入すると $F = G$ であり，波動関数は偶関数であることがわかる．また，$\alpha c - ks = 0$ を変形すると $\tan(kL/2) = \alpha/k$ となる．さらにこの式は

$$\xi = \frac{kL}{2} \tag{3.56}$$

$$\eta = \frac{\alpha L}{2} \tag{3.57}$$

のような変数を導入すると

$$\eta = \xi \tan \xi \tag{3.58}$$

となる．

一方，この変数は

$$\xi^2 + \eta^2 = \left(\frac{L}{2}\right)^2 (k^2 + \alpha^2) = \left(\frac{L}{2}\right)^2 \left\{\frac{2mE}{\hbar^2} + \frac{2m(V_0 - E)}{\hbar^2}\right\} = \frac{mV_0 L^2}{2\hbar^2} \tag{3.59}$$

を満たす．ここで，$mV_0 L^2/2\hbar^2$ は正の定数である．すなわち，その定数を R^2 とおくと(3.59)は

$$\xi^2 + \eta^2 = R^2 \tag{3.60}$$

のような半径 R の円の方程式となる．

---

[4] (ii)は
$$\begin{pmatrix} \alpha & k \\ -k & \alpha \end{pmatrix} \begin{pmatrix} s \\ c \end{pmatrix} = 0$$
と書けるが，これが $s = c = 0$ 以外の解を持つためには
$$\begin{vmatrix} \alpha & k \\ -k & \alpha \end{vmatrix} = \alpha^2 + k^2 = 0$$
である必要がある．しかし $V_0 \neq 0$ のとき，$\alpha^2 + k^2 = (2m/\hbar^2)V_0 \neq 0$ であるので，$s = c = 0$ 以外の解は存在しない．

したがって，条件を満たす ξ と η は，(3.58)と(3.60)を η を縦軸に ξ を横軸にしてグラフ化した際の両者の交点の座標である．

(iv) $B = 0$, $\alpha s + kc = 0$ の場合

まず，(3.48)と(3.50)に $B = 0$ を代入すると $F = -G$ であり，波動関数は奇関数であることがわかる．また，$\alpha s + kc = 0$ を変形すると

$$\tan \frac{kL}{2} = -\frac{k}{\alpha} \tag{3.61}$$

となる．この場合，(iii)と同様の定義の ξ と η を用いると，

$$\eta = -\xi \cot \xi \tag{3.62}$$

となり，(3.60)で表される円との交点の座標が条件を満たす解である．

3.3.2 境界条件を満たす解

(iii)と(iv)の2つの場合について，$R = 1.1\pi$ を想定して円と曲線をグラフ化したものを図3.6に示す．この場合，円の半径は $\pi < R < 3\pi/2$ であり，交点は P_1, P_2, P_3 の3個ある．(3.59), (3.60)より

$$R^2 = \frac{mV_0L^2}{2\hbar^2} \tag{3.63}$$

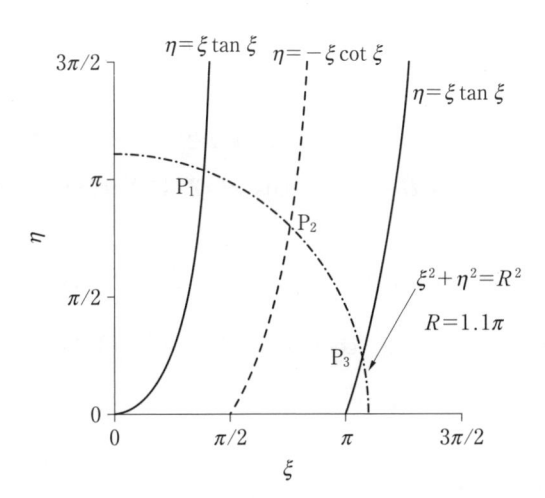

図 3.6 グラフを用いた数値解法 ($R = 1.1\pi$)

であるので，ポテンシャルの形状が指定され，V_0L^2 の値が決まれば R も決まり，解の個数も定まることになる．

ここで 3 個の解について考えてみる．まず E と ξ は，$E = \hbar^2 k^2/2m = 2\hbar^2\xi^2/mL^2$ のような関係があるので，ξ が大きいほどエネルギーも大きいことがわかる．したがって，図 3.6 において P_1 が基底状態である．また P_2 が第 1 励起状態，P_3 が第 2 励起状態である．続いて，波動関数の対称性について考える．基底状態と第 2 励起状態は (iii) の場合であり，$F = G$, $A = 0$ であるので偶関数である．一方，第 1 励起状態は (iv) の場合であり，$F = -G$, $B = 0$ であるので奇関数である．

次に，波動関数を実際に求める方法について述べる．このためには，交点の座標から $k = 2\xi/L$ により許される k の値を求める．この値として実際にグラフを書いて交点の座標を読み取ることもできるが，それではかなり荒い計算となってしまう．高精度の計算を行う場合は，コンピューターで数値計算を行わなければならない．

例えば (iii) の場合の交点を求めるためには

$$f(\xi) = \xi \tan \xi - \sqrt{R^2 - \xi^2} = 0 \tag{3.64}$$

を満たす ξ を**ニュートン** (Newton) **法**などを用いて求め，その値から (3.56) により k の値を求める．さらに (3.60) から η の値を求め，その値から (3.57) により α の値を求める．このようにして求めた k, α の値および $A = 0$ を (3.44) に代入すると，F と B の関係が $Fe^{-\alpha L/2} = B\cos(kL/2)$ のように求まる．よって仮に，$F = 1$ とすると B は $B = e^{-\alpha L/2}/\cos(kL/2)$ により計算できる．したがって解は

$$\phi_\mathrm{I}(x) = e^{\alpha x} \tag{3.65}$$

$$\phi_\mathrm{II}(x) = \frac{e^{-\alpha L/2}}{\cos(kL/2)} \cos(kx) \tag{3.66}$$

$$\phi_\mathrm{III}(x) = e^{-\alpha x} \tag{3.67}$$

となる．

また，(iv)の場合において交点を求めるためには
$$g(\xi) = -\xi \cot \xi - \sqrt{R^2 - \xi^2} = 0 \tag{3.68}$$
の解をニュートン法などを用いて求め，その値から k および α の値を求める．これらの値および $B = 0$ を(3.44)に代入すると，F と A の関係式が $Fe^{-\alpha L/2} = -A \sin(kL/2)$ のように求まる．よって仮に $F = 1$ とすると，A は $A = -e^{-\alpha L/2}/\sin(kL/2)$ により計算できる．したがって解は

$$\phi_{\mathrm{I}}(x) = e^{\alpha x} \tag{3.69}$$

$$\phi_{\mathrm{II}}(x) = -\frac{e^{-\alpha L/2}}{\sin(kL/2)} \sin(kx) \tag{3.70}$$

$$\phi_{\mathrm{III}}(x) = -e^{-\alpha x} \tag{3.71}$$

となる．

これらを図に示すと，図3.7のようになる．ここで k や α の値は，図3.6に示した $R = 1.1\pi$ の場合に対し，3個の交点をニュートン法により求めたものを使用した．

図3.6のような図上の交点は，境界上でその左右の波動関数が滑らかにつ

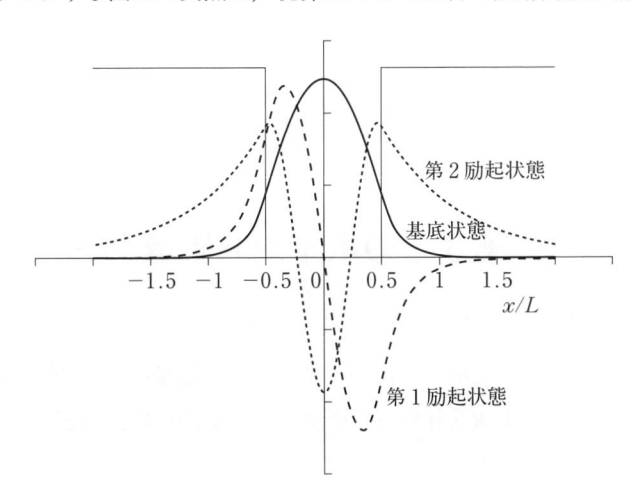

図3.7 有限の深さの井戸に束縛された粒子の波動関数．横軸は x を井戸の幅 L で規格化した変数を使用している．

ながる条件を満たす点であることはすでに述べたが，図 3.7 を見ると，確かに $x = -L/2$ および $x = L/2$ で左右の波動関数が滑らかにつながっていることがわかる．もしも，交点から求めた値とは別のパラメータを用いて作図すると，境界においてつながってはいるが，左右の傾きが異なるために境界が尖った形となってしまう．

なお，図 3.7 を作図するに当たっては $F = 1$ としてしまうのではなく，波動関数の規格化を行って F の値を決めた．以下に，その計算例を示す．

（ⅲ）の場合，規格化積分は以下のようになる．

$$2\int_0^{L/2}\left\{F\frac{e^{-\alpha L/2}}{\cos(kL/2)}\cos kx\right\}^2 dx + 2\int_{L/2}^{\infty}\{Fe^{-\alpha x}\}^2 dx = 1 \tag{3.72}$$

ここで，$\cos^2 x = \{1 + \cos(2x)\}/2$ を用いて積分すると以下が求まる．

$$F = \left[\frac{e^{-\alpha L}}{\cos^2(kL/2)}\left(\frac{L}{2} + \frac{\sin kL}{2k}\right) + \frac{1}{\alpha}e^{-\alpha L}\right]^{-1/2} \tag{3.73}$$

（ⅳ）の場合，同様にして以下が求まる．

$$F = \left[\frac{e^{-\alpha L}}{\sin^2(kL/2)}\left(\frac{L}{2} - \frac{\sin kL}{2k}\right) + \frac{1}{\alpha}e^{-\alpha L}\right]^{-1/2} \tag{3.74}$$

◀ 問題 14 ▶ 井戸の深さ V_0，幅 L，質量 m が $V_0 L^2 = 2\hbar^2/9m$ を満たすとき，解の個数と偶奇性を論ぜよ．

─── 第 3 章のポイント確認 ───

1. 無限に深い 1 次元井戸型ポテンシャル問題の解法について理解できた．
2. 無限に深い 3 次元井戸型ポテンシャル問題の解法について理解できた．
3. 有限の深さの 1 次元井戸型ポテンシャル問題のグラフを用いた解法について理解できた．

4

1次元調和振動子

　ここでは，1次元調和ポテンシャルに関するシュレディンガー方程式の解法について述べる．この問題は**分子振動**や固体の**格子振動**と関係するため，応用上重要である．例えば，**固体の熱伝導**の一因は，格子振動の伝搬である．よって，**固体比熱**の理解のためには，調和振動子を量子論的に取り扱う必要がある．これに加え，調和振動子の問題は，シュレディンガー方程式がきれいに解ける数少ない例の一つである．よってこの問題は，多くの教科書で取り上げられている．

【学習目標】　さまざまな分野に応用される調和振動子の問題を学習し，古典力学との違いを理解する．また，級数展開法などの典型的な解法について理解を深める．
【Keywords】　調和振動子，調和振動子の運動方程式，エルミート多項式

4.1 古典論

　まず最初に，1次元調和振動子の古典力学的取り扱いについて考察する．質量 m の質点が，ばね定数 k のばねを介して壁などに固定されている場合，摩擦や重力による効果を無視すると，ニュートンの**運動方程式**（equation of motion）は

4. 1次元調和振動子

$$m\frac{d^2x}{dt^2} = -kx \tag{4.1}$$

のような2階の線形常微分方程式となる．ここで，x は平衡点からの変位であり，時間 t の関数である．この方程式は，k/m が正の実数のとき，振動解を持つが，そのような振動のことを，**調和振動**（harmonic oscillation）とよぶ．

ところで，(4.1)の両辺に dx/dt を掛けて変形すると

$$m\frac{dx}{dt}\frac{d^2x}{dt^2} = -k\frac{dx}{dt}x \longrightarrow \frac{m}{2}\frac{d}{dt}\left(\frac{dx}{dt}\right)^2 = -\frac{k}{2}\frac{dx^2}{dt}$$

$$\longrightarrow \frac{d}{dt}\left\{\frac{m}{2}\left(\frac{dx}{dt}\right)^2 + \frac{k}{2}x^2\right\} = 0$$

のようになり，最後の式の｛ ｝内は時間に対して一定値を取ることがわかる．すなわち

$$E = \frac{1}{2}m\left(\frac{dx}{dt}\right)^2 + \frac{1}{2}kx^2 = \text{const.} \tag{4.2}$$

と書ける．古典力学で知られるように，この式の右辺第1項は運動エネルギー，第2項は調和振動のポテンシャルエネルギーを示す．つまり，(4.2)はエネルギー保存則を表している．

次に，(4.1)により表される運動方程式を解くことを試みる．ここで，$k/m = \omega^2$ とおくと運動方程式は

$$\frac{d^2x}{dt^2} = -\omega^2 x \tag{4.3}$$

となり，特殊解は $\sin\omega t$ や $\cos\omega t$ のような振動解となる[1]．したがって，両者の線形結合を取り，

$$x(t) = A\sin\omega t + B\cos\omega t \tag{4.4}$$

が一般解となる．

---

1) ばね定数 k と質量 m は通常正の実数であるため，ω も実数である．ばね定数や質量が負であったり，複素数であったりするような奇妙な場合は ω が複素数となり，単純な振動解とはならない．

ここで，定数 A, B は初期条件より決定できる．例えば，$t=0$ において質点を $x = x_0$ まで引っ張って，そっと放すとき，初期条件は

$$x(0) = x_0 \tag{4.5}$$

$$\left(\frac{dx}{dt}\right)_{t=0} = 0 \tag{4.6}$$

と書ける．このとき，(4.4)中の定数 A, B は

$$x(0) = B = x_0 \tag{4.7}$$

$$\left(\frac{dx}{dt}\right)_{t=0} = \omega A = 0 \tag{4.8}$$

を満たす必要がある．これより，$A=0$，$B=x_0$ が得られ，初期条件を満たす解は

$$x(t) = x_0 \cos \omega t \tag{4.9}$$

と表される．この質点の運動範囲は $-x_0 \leq x \leq x_0$ であり，古典力学的には質点はこの範囲にしか存在できない．

◀例題8▶ 初期条件を $x(0) = 0$，$(dx/dt)_{t=0} = v_0$ として，(4.1)の解を求めよ．

解答 (4.4)に初期条件を代入すると以下を得る．

$$x(0) = B = 0$$

$$\left(\frac{dx}{dt}\right)_{t=0} = \omega A = v_0$$

よって $A = v_0/\omega$，$B = 0$ であるので，解は $x(t) = (v_0/\omega) \sin \omega t$ となる．

4.2 量子論

次に，調和振動子の量子論的取り扱いについて述べる．(4.2)は古典力学におけるハミルトニアンであるので，これに(2.28)のような変換を施して

$$\mathcal{H} = -\frac{\hbar^2}{2m}\frac{d^2}{dx^2} + \frac{1}{2}m\omega^2 x^2 \tag{4.10}$$

とし,シュレディンガー方程式を $\mathcal{H}\phi = E\phi$ と表す.ここで,$m\omega^2 x^2/2$ は (4.2) における $kx^2/2$ に相当する調和ポテンシャルであり,境界条件は

$$\lim_{x \to \pm\infty} \phi(x) = 0 \tag{4.11}$$

である.

まず,$\alpha = \sqrt{m\omega/\hbar}$,$\varepsilon = 2E/\hbar\omega$ とおいてシュレディンガー方程式を $\xi = \alpha x$ に関する微分方程式に変数変換する[2].(なぜこのようにおくのか不思議に思うかもしれないが,こうすると実にうまく整理できることは以下でわかる.) すると

$$-\frac{d^2\phi}{d\xi^2} + \xi^2 \phi = \varepsilon \phi \tag{4.12}$$

を得る[3].この方程式は,シュレディンガー方程式を変数変換しただけなので本質的な意味は変わらないが,すべての量がノンディメンジョンとなり,元の式よりもシンプルになった.

ここで,$\varepsilon = 1$ のとき,$e^{-\xi^2/2}$ が (4.12) を満たすことに着目する.このことは

$$\frac{d}{d\xi} e^{-\xi^2/2} = -\xi e^{-\xi^2/2}$$

$$\frac{d^2}{d\xi^2} e^{-\xi^2/2} = (\xi^2 - 1) e^{-\xi^2/2}$$

より自明である.また,$e^{-\xi^2/2}$ が境界条件 (4.11) を満たすことも自明である.

そこで,一般の ε に対する解を

$$\phi(\xi) = H(\xi) e^{-\xi^2/2} \tag{4.13}$$

のように再定義する.すると $H(\xi)$ に関する微分方程式は

---

[2] ξ はギリシャ文字であり,グザイと読む.変数変換を行ったことを強調するためにローマ字からギリシャ文字に変えて表記している.筆者が学生の頃は ξ をニョロニョロニョロと読んでいた.

[3] 後に述べるが,α はエネルギー $-\hbar\omega/2$ を持った粒子が,ポテンシャル $m\omega^2 x^2/2$ 中で運動する際の古典力学的転回点 x_0 の逆数に当たる.したがって $\xi = \alpha x = x/x_0$ であり,ξ は x を x_0 で規格化したものである.また,$\hbar\omega/2$ は零点エネルギーであるので,ε は E を零点エネルギーで規格化したものである.

$$\frac{d^2H}{d\xi^2} - 2\xi \frac{dH}{d\xi} + (\varepsilon - 1)H = 0 \tag{4.14}$$

となり，これを解いて $H(\xi)$ の関数形がわかれば，結局 (4.13) により $\phi(\xi)$ の関数形がわかることになる[4]．この微分方程式が，この章で取り扱う問題の基本方程式となる．

◀ **例題 9** ▶ (4.12) を導出せよ．

解答 $\alpha = \sqrt{m\omega/\hbar}$, $\varepsilon = 2E/\hbar\omega$ とおいて $x = \xi/\alpha$, $d^2/dx^2 = \alpha^2(d^2/d\xi^2)$ を，シュレディンガー方程式に代入すると以下を得る．

$$-\frac{\hbar^2}{2m}\alpha^2 \frac{d^2\phi}{d\xi^2} + \frac{1}{2}m\omega^2 \frac{\xi^2}{\alpha^2}\phi = E\phi$$

これに $\alpha = \sqrt{m\omega/\hbar}$, $E = (\hbar\omega/2)\varepsilon$ を代入し，両辺を $\hbar\omega/2$ で割ると (4.12) を得る．

◀ **問題 15** ▶ (4.14) を導出せよ．

4.3 べき級数展開を用いた解法

(4.14) を解くために，$H(\xi)$ を

$$H(\xi) = \sum_{m=0}^{\infty} a_m \xi^{m+s} \quad (a_0 \neq 0,\ s \geq 0) \tag{4.15}$$

のようにべき級数展開する．これは微分方程式の基本的な解法の一つであり，こうすると微分方程式は代数方程式となる．ここで，$a_0 \neq 0$ としたのは最低次の項の係数を a_0 とするためである．また，$s \geq 0$ としたのは，原点での発散を避けるためである．

4.3.1 展開係数間の関係

まず (4.14) に (4.15) を代入し，

---

[4] ある特殊な場合に解が求まることを使って，一般的な場合の解を求めることは良くある．特に，この場合 $\xi \to \pm\infty$ において，$e^{-\xi^2/2} \to 0$ に勝るほど $H(\xi) \to \infty$ とならない限りは ϕ が境界条件を満たすのでわかりやすい．

$$\sum_{m=0}^{\infty}(m+s)(m+s-1)a_m\xi^{m+s-2}-2\xi\sum_{m=0}^{\infty}(m+s)a_m\xi^{m+s-1}$$
$$+(\varepsilon-1)\sum_{m=0}^{\infty}a_m\xi^{m+s}=0$$

を得る．ここで3つの項をまとめるために，左辺第1項において $m+s-2=n+s$ とおくと

$$\sum_{n=-2}^{\infty}(n+s+2)(n+s+1)a_{n+2}\xi^{n+s}-2\sum_{m=0}^{\infty}(m+s)a_m\xi^{m+s}$$
$$+(\varepsilon-1)\sum_{m=0}^{\infty}a_m\xi^{m+s}=0$$

を得る．

これをまとめると
$$s(s-1)a_0\xi^{s-2}+(s+1)sa_1\xi^{s-1}$$
$$+\sum_{m=0}^{\infty}\{(m+s+2)(m+s+1)a_{m+2}+(\varepsilon-1-2m-2s)a_m\}\xi^{m+s}=0$$
$$\tag{4.16}$$

となる．この式が任意の ξ について成り立つためには，各次数の係数がゼロにならなければならないので，以下の3つの式が成り立つ必要がある[5]．

$$s(s-1)a_0=0 \tag{4.17}$$
$$(s+1)sa_1=0 \tag{4.18}$$
$$(m+s+2)(m+s+1)a_{m+2}+(\varepsilon-1-2m-2s)a_m=0$$
$$(m=0,1,2,\cdots) \tag{4.19}$$

ここで(4.15)の前提条件として $a_0\ne 0$ であるので，少なくとも(4.17)が成り立つためには s は0か1のどちらかであれば良い．それぞれの場合について，まず a_0 と a_1 を与えれば，(4.19)を用いて高次の展開係数を次々と決定できる．

[5) ここでは，"任意の ξ について"という部分が重要である．例えば，1次方程式 $ax+b=0$ の解は $x=-b/a$ であるが，これは，この値を取るときにのみ方程式が成り立つことを意味している．これに対し，任意の x に対して方程式が成り立つためには，$a=b=0$ でなければならない．]

4.3.2 境界条件

ここでは，高次の展開係数の振舞について考察してみる．(4.19)において，m が極めて大きい場合,

$$\frac{a_{m+2}}{a_m} \longrightarrow \frac{2}{m} \tag{4.20}$$

が成り立つ．

ところで，関数 $\xi^s e^{\xi^2}$ は

$$\xi^s e^{\xi^2} = \xi^s \sum_{m=0}^{\infty} \frac{\xi^{2m}}{m!} = \xi^s \left(1 + \frac{\xi^2}{1} + \frac{\xi^4}{2!} + \cdots + b_m \xi^m + b_{m+2} \xi^{m+2} + \cdots \right) \tag{4.21}$$

のように展開できる．ここで,

$$b_m = \frac{1}{(m/2)!}, \qquad b_{m+2} = \frac{1}{\{(m+2)/2\}!} \tag{4.22}$$

であるので，高次の項においては

$$\frac{b_{m+2}}{b_m} = \frac{(m/2)!}{\{(m+2)/2\}!} = \frac{2}{m+2} \longrightarrow \frac{2}{m} \tag{4.23}$$

が成り立つ．

(4.20)と(4.23)は明らかに同一であるので，(4.15)のように展開できる H と $\xi^s e^{\xi^2}$ は $\xi \to \pm\infty$ で同一の振舞をする．すなわち，このままだと $\xi \to \pm\infty$ において $\phi = He^{-\xi^2/2}$ も $\xi^s e^{\xi^2} \times e^{-\xi^2/2} = \xi^s e^{\xi^2/2}$ と同様に発散してしまう．これは(4.11)に示した境界条件を満たさないので，不適切な解といえる．

これを避けるためには(4.15)の展開が無限に続くのではなく，どこか有限の次数で終れば良い．すなわち，(4.19)において $(\varepsilon - 1 - 2m - 2s)$ が有限の m において 0 となれば良い．これにより，展開係数はそれ以上の次数ですべて 0 になってしまう．

そこでまず(4.19)において，a_0 から始めて，偶数次の展開係数を求める．そして展開係数をどこかで 0 にするために，ある偶数の m に対して $\varepsilon - 1$

$-2m-2s=0$ が成り立つように ε を定める．その後，a_1 から始めて奇数次の展開係数を求める．

しかし，この場合すでに，ε は偶数の m に対して $\varepsilon-1-2m-2s=0$ が成り立つように定まっているので，奇数次の展開係数はどこまで行っても 0 にならない．それでは無限級数になってしまうので，これを避けるためには $a_1=0$ とする必要がある．このようにして H の展開が有限の項で済めば，(4.13) の ϕ が (4.11) の境界条件を満たすのは，$\lim_{x \to \pm\infty} x^n e^{-x^2} = 0$ より明らかである[6]．

4.3.3 エルミート多項式

以上をまとめると以下のようになる．

（ⅰ）s は 0 か 1 のどちらかである．

（ⅱ）a_0 から始め，(4.19) により $a_2, a_4, \cdots$ を順次決定する．一方，$a_1=0$ とし，$a_3, a_5, \cdots$ をすべて 0 とする．

（ⅲ）有限の m において $\varepsilon = 1 + 2m + 2s$ が成り立つように ε を選ぶ．これにより，(4.15) は無限級数とならない．

このような方法により求めた H を，ε が小さい方から 5 つ分，表 4.1 に示す．ただし，すべての場合について $a_1 = a_3 = \cdots = 0$ である．最終的に a_0 の値は規格化積分により定まる．

表 4.1 からもわかるように，ε は 1 以上の奇数である．

したがって，$\varepsilon = 2n + 1$ ($n = 0, 1, 2, \cdots$) とすると，シュレディンガー方程式のエネルギー固有値 $E = (\hbar\omega/2)\varepsilon$ は

表 4.1 （ⅰ），（ⅱ），（ⅲ）を満たす $H(\xi)$

s	ε	$H(\xi)$
0	1	a_0
1	3	$a_0 \xi$
0	5	$a_0(-2\xi^2 + 1)$
1	7	$a_0\left(-\dfrac{2}{3}\xi^3 + \xi\right)$
0	9	$a_0\left(\dfrac{4}{3}\xi^4 - 4\xi^2 + 1\right)$

---

[6] この式はロピタルの定理により証明可能である．

$$E_n = \left(n + \frac{1}{2}\right)\hbar\omega \quad (n=0, 1, 2, \cdots) \tag{4.24}$$

と書ける．ここで，$E_0 = \hbar\omega/2$ を零点エネルギーとよぶ．また，$\varepsilon = 2n + 1$ を(4.14)に代入すると

$$\frac{d^2 H_n(\xi)}{d\xi^2} - 2\xi \frac{dH_n(\xi)}{d\xi} + 2nH_n(\xi) = 0 \quad (n = 0, 1, 2, \cdots) \tag{4.25}$$

となる．

(4.25)のような微分方程式は良く知られており，その解は**エルミート多項式**（Hermite polynomials）とよばれる．その低次の解は

$$\left.\begin{aligned}H_0(\xi) &= 1 \\ H_1(\xi) &= 2\xi \\ H_2(\xi) &= 4\xi^2 - 2 \\ H_3(\xi) &= 8\xi^3 - 12\xi \\ H_4(\xi) &= 16\xi^4 - 48\xi^2 + 12\end{aligned}\right\} \tag{4.26}$$

のような形をしている．

ここで，表4.1で a_0 と書いた定数は，H_n が

$$\int_{-\infty}^{\infty} H_m(\xi)\, H_n(\xi)\, e^{-\xi^2}\, d\xi = \delta_{nm} 2^n n! \sqrt{\pi} \tag{4.27}$$

のような規格直交性を持つべく定められている．これを用いると ϕ_n は

$$\phi_n(x) = A_n H_n(\alpha x)\, e^{-(\alpha x)^2/2} \quad (n = 0, 1, 2, \cdots) \tag{4.28}$$

と書ける．ここで，A_n は規格化因子であり，

$$A_n = \left(\frac{\alpha}{2^n n! \sqrt{\pi}}\right)^{1/2}, \quad \alpha = \left(\frac{m\omega}{\hbar}\right)^{1/2} \tag{4.29}$$

のように表される．これを用いると，$\phi_n(x)$ が

$$\int_{-\infty}^{\infty} \phi_n^*(x)\, \phi_m(x)\, dx = \delta_{nm} \tag{4.30}$$

のような規格直交性を持つことを証明できる．

これらの波動関数をポテンシャルとともに図示すると，図4.1のようにな

4. 1次元調和振動子

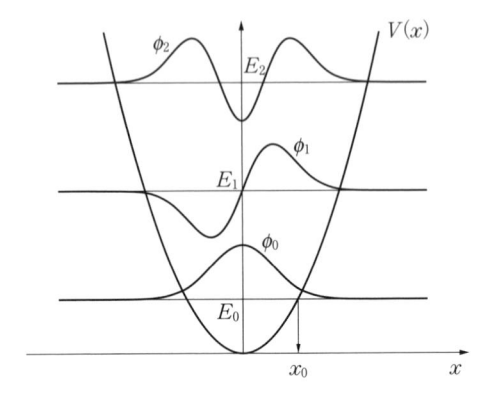

図 4.1 調和ポテンシャルとその低次の解

る．これを見ると，古典力学的には粒子が $-x_0 \leq x \leq x_0$ の区間しか存在しえないのに対し，量子力学的には急激に減衰しながらも古典的な領域を超えて存在しうることがわかる．

ところで，図 4.1 に示した調和ポテンシャルに対する波動関数と，図 3.2 や図 3.7 に示した井戸形ポテンシャルに対する波動関数がよく似ていることは容易にわかる．

◀**問題 16**▶ 1次元調和振動子のエネルギー準位は等間隔となることを示せ．

◀**問題 17**▶ 1次元調和振動子を古典論で取り扱うと，粒子はある一定範囲を振幅として振動する．この範囲を $-x_0 < x < x_0$ としたとき，x_0 は粒子が反対方向に引き返す点，すなわち転回点といえる．これに対し量子論においては，本章で学んだように x_0 を超えて波動関数は浸み込んでいく．このように，x_0 を**トンネル点**とよぶ．

基底状態のトンネル点を求めよ．

◀**問題 18**▶ (4.30) を証明せよ．

第 4 章のポイント確認

1. ばねにつながった質点の問題を古典的に解く方法について理解できた．
2. 調和ポテンシャル問題の量子論的取り扱いについて理解できた．
3. 調和ポテンシャル問題に関するシュレディンガー方程式を，級数展開法により解く方法について理解できた．

5

水素原子の電子軌道

　前期量子論において，水素原子の電子軌道はボーアの原子モデルを用いて表現できた．しかし，それは，ある定まった半径の円軌道上を電子が回るというものであり，問題点もあった．ここでは，シュレディンガーの理論による水素原子の電子軌道について説明し，解を求める．その結果，電子は円軌道上ではなく，波動関数から求まる確率密度に沿って原子核の周りに分布することがわかる．

【学習目標】　もっともシンプルな水素原子の電子軌道を学習し，今後，より複雑な形をした分子の電子状態を勉強する際の基礎を築く．
【Keywords】　クーロンポテンシャル，束縛状態，ルジャンドル多項式，球面調和関数，原子単位，ラゲール多項式

5.1　シュレディンガー方程式の変数分離

　水素原子核の周りにある質量 m_e の電子[1] の存在状態は，

$$\left(-\frac{\hbar^2}{2m_e}\nabla^2 - \frac{e^2}{4\pi\varepsilon_0 r}\right)\Psi(\boldsymbol{r}) = E\,\Psi(\boldsymbol{r}) \tag{5.1}$$

のようなシュレディンガー方程式で記述できる[2]．また ∇^2 は

---

1) 質量をmとすると，この後出てくる磁気量子数と混同するのでここでは m_e とした．
2) 左辺（　）内第2項は，正電荷$+e$を帯びた水素原子核と，負電荷$-e$を帯びた電子とのクーロンポテンシャルを表し，ε_0 は真空の誘電率（dielectric constant）を示す．またrは，電子と原子核の間の距離であり，このポテンシャルは球対称性を持つ．

5.1 シュレディンガー方程式の変数分離

$$\nabla^2 = \frac{\partial^2}{\partial x^2} + \frac{\partial^2}{\partial y^2} + \frac{\partial^2}{\partial z^2}$$
$$= \frac{1}{r^2}\frac{\partial}{\partial r}\left(r^2\frac{\partial}{\partial r}\right) + \frac{1}{r^2\sin\theta}\frac{\partial}{\partial \theta}\left(\sin\theta\frac{\partial}{\partial \theta}\right) + \frac{1}{r^2\sin^2\theta}\frac{\partial^2}{\partial \phi^2} \quad (5.2)$$

で与えられる．この問題とは極座標の方が相性が良いので，以後，(5.2) 2段目の方を使用する．ここで図5.1に示すように，点Pの座標(x, y, z)は，極座標(r, θ, ϕ)を用いても表される．

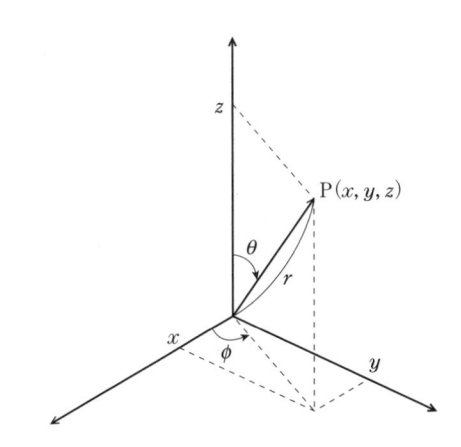

図5.1 極座標表示

(x, y, z) と (r, θ, ϕ) の関係は

$$\left.\begin{array}{l} x = r\sin\theta\cos\phi \\ y = r\sin\theta\sin\phi \\ z = r\cos\theta \end{array}\right\} \quad (5.3)$$

で表すことができ，相互に変換可能である．この節においては，(5.1)を解いて電子の**束縛状態**（bound state）の波動関数を求める[3]．

まず，水素原子核が作る球対称ポテンシャル下において，波動関数 Ψ を

$$\Psi(r, \theta, \phi) = R(r)\,Y(\theta, \phi) \quad (5.4)$$

---

3) 無限遠方をエネルギーの原点に取れば，この場合のエネルギー固有値は負の値となる．

のように動径成分 R と角度成分 Y に変数分離する．これを (5.1) に代入すると

$$-\frac{\hbar^2}{2m_e}\frac{1}{r^2}\left\{\frac{d}{dr}\left(r^2\frac{dR}{dr}\right)Y + \frac{R}{\sin\theta}\frac{\partial}{\partial\theta}\left(\sin\theta\frac{\partial Y}{\partial\theta}\right) + \frac{R}{\sin^2\theta}\frac{\partial^2 Y}{\partial\phi^2}\right\}$$

$$-\frac{e^2 RY}{4\pi\varepsilon_0 r} = ERY$$

を得る．この式の両辺の左側から $(1/RY)(-2m_e r^2/\hbar^2)$ を掛けると

$$\frac{1}{R}\frac{d}{dr}\left(r^2\frac{dR}{dr}\right) + \frac{1}{\sin\theta}\frac{1}{Y}\frac{\partial}{\partial\theta}\left(\sin\theta\frac{\partial Y}{\partial\theta}\right) + \frac{1}{\sin^2\theta}\frac{1}{Y}\frac{\partial^2 Y}{\partial\phi^2}$$

$$+ \frac{2m_e r^2}{\hbar^2}\left(\frac{e^2}{4\pi\varepsilon_0 r} + E\right) = 0$$

を得る．これを変形すると

$$\frac{1}{R}\frac{d}{dr}\left(r^2\frac{dR}{dr}\right) + \frac{2m_e r^2}{\hbar^2}\left(\frac{e^2}{4\pi\varepsilon_0 r} + E\right)$$

$$= -\frac{1}{\sin\theta}\frac{1}{Y}\frac{\partial}{\partial\theta}\left(\sin\theta\frac{\partial Y}{\partial\theta}\right) - \frac{1}{\sin^2\theta}\frac{1}{Y}\frac{\partial^2 Y}{\partial\phi^2}$$

$$= C_1 \qquad (5.5)$$

となり，左辺の動径成分と右辺の角度成分は，分離定数 C_1 と等しくなる．

次に，角度成分 Y を

$$Y(\theta, \phi) = \Theta(\theta)\,\Phi(\phi) \qquad (5.6)$$

のように分離することを試みる．(5.5) に (5.6) を代入すると

$$-\frac{1}{\sin\theta}\frac{1}{\Theta}\frac{d}{d\theta}\left(\sin\theta\frac{d\Theta}{d\theta}\right) - \frac{1}{\sin^2\theta}\frac{1}{\Phi}\frac{d^2\Phi}{d\phi^2} = C_1 \qquad (5.7)$$

を得る．これを変形し，さらに新たな分離定数 C_2 を導入すると

$$\frac{\sin\theta}{\Theta}\frac{d}{d\theta}\left(\sin\theta\frac{d\Theta}{d\theta}\right) + C_1\sin^2\theta = -\frac{1}{\Phi}\frac{d^2\Phi}{d^2\phi} = C_2 \qquad (5.8)$$

のように書ける．(5.5) および (5.8) において，定数 C_1 や C_2 は物理的に適切な結果をもたらすように定められなければならない．

5.2 ϕ 成分の解

ϕ に関する方程式

$$\frac{d^2\Phi}{d\phi^2} = -C_2\Phi \tag{5.9}$$

の規格化された解は

$$\Phi_m(\phi) = \frac{1}{\sqrt{2\pi}}\, e^{im\phi} \tag{5.10}$$

であり，分離定数は

$$C_2 = m^2 \quad (m = 0, \pm 1, \pm 2, \cdots) \tag{5.11}$$

と書ける．この解は一価関数であり，以下のような規格直交性を持つ．

$$\int_0^{2\pi} \Phi_n^*(\phi)\, \Phi_m(\phi)\, d\phi = \delta_{nm} \tag{5.12}$$

◀ 例題 10 ▶ (5.10)および，(5.11)を導出せよ．

解答 (5.9)の解は，$C_2 = Z^2$ を満たす複素数 $Z = a + ib$ $(a, b$ は実数$)$ を用いて

$$\Phi(\phi) = e^{iZ\phi} = e^{ia\phi}e^{-b\phi} \tag{5.13}$$

と書ける．ただし，$\Phi(\phi)$ が一価関数であるためには

$$\Phi(\phi) = \Phi(\phi + 2\pi) \tag{5.14}$$

が成り立たなければならない．そこで，Z に関して次の2つの場合を考える．

まず $b \neq 0$ の場合は，因子 $e^{-b\phi}$ のため(5.14)は満たされない．次に $b = 0$ の場合を考える．この場合，a が整数であれば $e^{ia(\phi+2\pi)} = e^{ia\phi}e^{i2a\pi} = e^{ia\phi}$ となり(5.14)は満たされる．したがって，解を

$$\Phi_m(\phi) = Ae^{im\phi}$$

とし，$C_2 = m^2 (m = 0, \pm 1, \pm 2, \cdots)$ とすれば良い．また，規格化因子 A は

$$\int_0^{2\pi} |\Phi_m(\phi)|^2\, d\phi = \int_0^{2\pi} \Phi_m^*(\phi)\, \Phi_m(\phi)\, d\phi = \int_0^{2\pi} A^* e^{-im\phi} A e^{im\phi}\, d\phi$$
$$= |A|^2 \int_0^{2\pi} d\phi = 2\pi |A|^2 = 1$$

より求まる．よって，正の実数の範囲において $A = 1/\sqrt{2\pi}$ である．

◀ 問題 19 ▶　(5.12) を証明せよ．

5.3　θ 成分の解

次に，θ に関する方程式

$$\frac{\sin\theta}{\Theta}\frac{d}{d\theta}\left(\sin\theta\frac{d\Theta}{d\theta}\right) + C_1\sin^2\theta = m^2 \tag{5.15}$$

を解く．ただしこの式においては，前節の結果を考慮して，$C_2 = m^2$ としている．

5.3.1　ルジャンドール多項式

(5.15) に両辺の左側から $\Theta/\sin^2\theta$ を掛けると

$$\frac{1}{\sin\theta}\frac{d}{d\theta}\left(\sin\theta\frac{d\Theta}{d\theta}\right) + C_1\Theta = \frac{m^2}{\sin^2\theta}\Theta \tag{5.16}$$

が得られる．この式で $x \equiv \cos\theta$，$d/d\theta = -\sin\theta(d/dx)$ とすると，

$$\frac{d}{dx}\left\{(1-x^2)\frac{d\Theta}{dx}\right\} + \left(C_1 - \frac{m^2}{1-x^2}\right)\Theta = 0 \tag{5.17}$$

となる．
この方程式の解は，$x = \pm 1$ において発散する可能性があるが，これを避けるためには

$$C_1 = l(l+1) \quad (l=0,1,2,\cdots) \tag{5.18}$$

$$l \geq |m| \tag{5.19}$$

のような条件が必要となる（付録 B 参照）．よって以下が得られる．

$$(1-x^2)\frac{d^2\Theta}{dx^2} - 2x\frac{d\Theta}{dx} + \left\{l(l+1) - \frac{m^2}{1-x^2}\right\}\Theta = 0 \tag{5.20}$$

(5.20) で，$m = 0$ の解は**ルジャンドール多項式**（Legendre polynomials）とよばれ，

$$P_l(x) = \frac{1}{2^l l!} \frac{d^l}{dx^l}(x^2-1)^l \tag{5.21}$$

によって表される．これを**ロドリゲス**（Rodorigues）**の公式**とよぶ．また，$m>0$ のときの解は**ルジャンドール陪多項式**（associated Legendre polynomials）とよばれ，

$$P_l^m(x) = (1-x^2)^{m/2} \frac{d^m}{dx^m} P_l(x) \tag{5.22}$$

で表される[4]．

これらを用いると，規格化された解は

$$\Theta_{lm}(\theta) = \left\{ \frac{2l+1}{2} \frac{(l-|m|)!}{(l+|m|)!} \right\}^{1/2} P_l^{|m|}(\cos\theta) \tag{5.23}$$

によって表される．この関数が

$$\int_0^\pi \Theta_{lm}(\theta)\Theta_{nm}(\theta) \sin\theta \, d\theta = \delta_{nl} \tag{5.24}$$

のように，規格直交性を持つことは，付録の (B.52) から容易にわかる．ここで $P_l^m(\cos\theta)$ の例を表 5.1 に示しておく．

表 5.1 $P_l^m(\cos\theta)$ の例

l \ m	0	1	2	3
0	1			
1	$\cos\theta$	$\sin\theta$		
2	$\frac{1}{2}(3\cos^2\theta - 1)$	$3\sin\theta\cos\theta$	$3\sin^2\theta$	
3	$\frac{1}{2}(5\cos^2\theta - 3\cos\theta)$	$\frac{1}{2}\sin\theta(15\cos^2\theta - 3)$	$15\sin^2\theta\cos\theta$	$15\sin^3\theta$

◀ **問題 20** ▶ (B.52) を用いて (5.24) を証明せよ．

5.3.2 球面調和関数

(5.10) と (5.23) を用いると，角度成分に関する解を

---

[4] (5.20) は，m^2 の部分を $|m|^2$ と書くこともできる．よって，m が負の場合も (5.20) は成り立つ．

$$Y_l^m(\theta, \phi) = \frac{\alpha_m}{\sqrt{2\pi}} e^{im\phi} \Theta_{lm}(\theta) \tag{5.25}$$

のように表せる．ここで係数 α_m は

$$\alpha_m = \begin{cases} (-1)^m & (m > 0) \\ 1 & (m \leq 0) \end{cases} \tag{5.26}$$

のように定義される．このような関数 $Y_l^m(\theta, \phi)$ は**球面調和関数**（spherical harmonics）とよばれ，規格直交性

$$\int_0^{2\pi} \int_0^{\pi} Y_l^{m*}(\theta, \phi) Y_{l'}^{m'}(\theta, \phi) \sin\theta \, d\theta \, d\phi = \delta_{ll'} \delta_{mm'} \tag{5.27}$$

を持つ（付録 B 参照）．これは (B.52) からわかる．以下に，Y_l^m の例をいくつか示しておく．

$$\left. \begin{aligned}
Y_0^0(\theta, \phi) &= \sqrt{\frac{1}{4\pi}} \\
Y_1^0(\theta, \phi) &= \sqrt{\frac{3}{4\pi}} \cos\theta \\
Y_1^{\pm 1}(\theta, \phi) &= \mp \sqrt{\frac{3}{8\pi}} \sin\theta \, e^{\pm i\phi} \\
Y_2^0(\theta, \phi) &= \sqrt{\frac{5}{16\pi}} (3\cos^2\theta - 1) \\
Y_2^{\pm 1}(\theta, \phi) &= \mp \sqrt{\frac{15}{8\pi}} \sin\theta \cos\theta \, e^{\pm i\phi} \\
Y_2^{\pm 2}(\theta, \phi) &= \mp \sqrt{\frac{15}{32\pi}} \sin^2\theta \, e^{\pm 2i\phi} \\
Y_3^0(\theta, \phi) &= \sqrt{\frac{7}{16\pi}} (5\cos^3\theta - 3\cos\theta) \\
Y_3^{\pm 1}(\theta, \phi) &= \mp \sqrt{\frac{21}{64\pi}} \sin\theta (5\cos^2\theta - 1) \, e^{\pm i\phi} \\
Y_3^{\pm 2}(\theta, \phi) &= \mp \sqrt{\frac{105}{32\pi}} \sin^2\theta \cos\theta \, e^{\pm 2i\phi} \\
Y_3^{\pm 3}(\theta, \phi) &= \mp \sqrt{\frac{35}{64\pi}} \sin^3\theta \, e^{\pm 3i\phi}
\end{aligned} \right\} \tag{5.28}$$

5.4 動径成分の解

最後に動径成分について考える．(5.5)と(5.18)より方程式は

$$\frac{1}{R}\frac{d}{dr}\left(r^2\frac{dR}{dr}\right) + \frac{2mr^2}{\hbar^2}\left(\frac{e^2}{4\pi\varepsilon_0 r} + E\right) = l(l+1) \quad (5.29)$$

と書ける．この式の両辺の左側から R/r^2 を掛けると

$$\frac{1}{r^2}\frac{d}{dr}\left(r^2\frac{dR}{dr}\right) + \left\{\frac{2m}{\hbar^2}\frac{e^2}{4\pi\varepsilon_0 r} + \frac{2m}{\hbar^2}E - \frac{l(l+1)}{r^2}\right\}R = 0 \quad (5.30)$$

が得られる．ここでは，これを解くことを考える．

5.4.1 原子単位

簡単化のために**原子単位**（atomic unit）を導入する．これは，ボーアの水素原子モデルにおける基底状態の軌道半径 r_1 をもって長さの単位とし，基底状態のエネルギーの絶対値 $|E_1|$ をもってエネルギーの単位とする単位系である．なお，r_1 および E_1 については第1章においても述べたが，以下にも示しておく．

$$r_1 = \frac{\varepsilon_0 h^2}{\pi m e^2} = \frac{4\pi\varepsilon_0 \hbar^2}{me^2} \quad (5.31)$$

$$|E_1| = \frac{me^4}{8\varepsilon_0^2 h^2} = \frac{\hbar^2}{2mr_1^2} \quad (5.32)$$

原子単位を用いると，(5.30)は

$$\frac{1}{\tilde{r}^2}\frac{d}{d\tilde{r}}\left(\tilde{r}^2\frac{dR}{d\tilde{r}}\right) + \left\{\frac{2}{\tilde{r}} + \widetilde{E} - \frac{l(l+1)}{\tilde{r}^2}\right\}R = 0 \quad (5.33)$$

と書ける．ここで，$\tilde{r} = r/r_1$ および $\widetilde{E} = E/|E_1|$ である．これにより，物理定数が方程式から姿を消し，すべてが無次元量となった．

◀ 例題 11 ▶ (5.33)を導出せよ．

解答 $r = r_1\tilde{r}$，$E = (\hbar^2/2mr_1^2)\widetilde{E}$，および $d/dr = (d\tilde{r}/dr)(d/d\tilde{r}) = (1/r_1)(d/d\tilde{r})$

より (5.30) は

$$\frac{1}{(r_1\tilde{r})^2}\frac{1}{r_1}\frac{d}{d\tilde{r}}\left((r_1\tilde{r})^2\frac{1}{r_1}\frac{dR}{d\tilde{r}}\right)$$
$$+\left\{\frac{2m}{\hbar^2}\frac{e^2}{4\pi\varepsilon_0 r_1\tilde{r}}+\frac{2m}{\hbar^2}\frac{\hbar^2}{2mr_1^2}\widetilde{E}-\frac{l(l+1)}{(r_1\tilde{r})^2}\right\}R=0$$

と書ける．この式の両辺に r_1^2 を掛けると，(5.31)より(5.33)が得られる．

5.4.2 ラゲール多項式

次に，新しい変数 ρ および関数 $L(\rho)$ を導入し，動径波動関数を

$$\rho \equiv 2\tilde{r}\sqrt{|\widetilde{E}|} \tag{5.34}$$
$$R(\rho) = \rho^l e^{-\rho/2} L(\rho) \tag{5.35}$$

のように再定義する．これにより，$L(\rho)$ に関する微分方程式が出現することになる．これについて述べる．

まず，ρ を $\tilde{r}$ で微分すると

$$\frac{d\rho}{d\tilde{r}} = 2\sqrt{|\widetilde{E}|}, \qquad \frac{d^2\rho}{d\tilde{r}^2} = 0$$

となる．よって，

$$\frac{dR}{d\tilde{r}} = \frac{d\rho}{d\tilde{r}}\frac{dR}{d\rho} = 2\sqrt{|\widetilde{E}|}\frac{dR}{d\rho}$$
$$\frac{d^2R}{d\tilde{r}^2} = \frac{d}{d\tilde{r}}\left(2\sqrt{|\widetilde{E}|}\frac{dR}{d\rho}\right) = 2\sqrt{|\widetilde{E}|}\frac{d\rho}{d\tilde{r}}\frac{d^2R}{d\rho^2} = 4|\widetilde{E}|\frac{d^2R}{d\rho^2}$$

となる．また，R を ρ で微分すると

$$\frac{dR}{d\rho} = \left\{\frac{dL}{d\rho}+\left(\frac{l}{\rho}-\frac{1}{2}\right)L\right\}\rho^l e^{-\rho/2}$$
$$\frac{d^2R}{d\rho^2} = \left[\frac{d^2L}{d\rho^2}+\left(\frac{2l}{\rho}-1\right)\frac{dL}{d\rho}+\left\{\frac{l(l-1)}{\rho^2}-\frac{l}{\rho}+\frac{1}{4}\right\}L\right]\rho^l e^{-\rho/2}$$

となる．

これらを用いると，(5.33)左辺第1項は

$$\frac{1}{\tilde{r}^2}\frac{d}{d\tilde{r}}\left(\tilde{r}^2\frac{dR}{d\tilde{r}}\right)$$
$$=\frac{d^2R}{d\tilde{r}^2}+\frac{2}{\tilde{r}}\frac{dR}{d\tilde{r}}=4|\tilde{E}|\frac{d^2R}{d\rho^2}+\frac{4\sqrt{|\tilde{E}|}}{\rho}\cdot 2\sqrt{|\tilde{E}|}\cdot\frac{dR}{d\rho}$$
$$=4|\tilde{E}|\left[\frac{d^2L}{d\rho^2}+\left\{\frac{2(l+1)}{\rho}-1\right\}\frac{dL}{d\rho}+\left\{\frac{l(l+1)}{\rho^2}-\frac{l+1}{\rho}+\frac{1}{4}\right\}L\right]\rho^l e^{-\rho/2}$$

となる.

これに対し, 第 2 項は

$$\left\{\frac{2}{\tilde{r}}+\tilde{E}-\frac{l(l+1)}{\tilde{r}^2}\right\}R=4|\tilde{E}|\left\{\frac{1}{\rho\sqrt{|\tilde{E}|}}-\frac{1}{4}-\frac{l(l+1)}{\rho^2}\right\}L\rho^l e^{-\rho/2}$$

となる. ただし, $\tilde{E}=-|\tilde{E}|<0$ であるため, 右辺の 1/4 の部分にマイナスがついている.

これらをまとめると, (5.33) は

$$\rho\frac{d^2L}{d\rho^2}+\{2(l+1)-\rho\}\frac{dL}{d\rho}+\left(\frac{1}{\sqrt{|\tilde{E}|}}-l-1\right)L=0 \quad (5.36)$$

と書ける. さらに

$$p=2l+1,\quad q=\frac{1}{\sqrt{|\tilde{E}|}}+l$$

とおくと,

$$\rho\frac{d^2L_q^p}{d\rho^2}+(p+1-\rho)\frac{dL_q^p}{d\rho}+(q-p)L_q^p=0 \quad (5.37)$$

となる. これが (5.35) で定義した, 新しい関数 $L(\rho)$ が満たすべき微分方程式である. したがって, これが解ければ (5.35) を通じて動径波動関数が得られる.

ところで, ここでは水素原子核に電子が束縛された解を求めようとしている. このためには, 電子の存在確率が, 原子核から遠いほどゼロに近づくべきである. よって, 境界条件は

$$\lim_{\rho\to\infty}R(\rho)=0 \quad (5.38)$$

と書ける．これを満たすためには，q は p よりも大きい整数でなければならないことが知られている（付録 C 参照）．まず，q が整数であるためには，$1/\sqrt{|E_1|}$ が整数でなければならない．そこで，その整数を n とおくと

$$q = n + l \tag{5.39}$$

と書ける．次に，$q \geq p$ であるためには

$$q - p = (n + l) - (2l + 1) = n - l - 1 \geq 0 \tag{5.40}$$

でなければならない．すなわち，

$$n \geq l + 1 \tag{5.41}$$

である．これらのこと，および $E_1 < 0$ であることより

$$\widetilde{E}_n = -\frac{1}{n^2} \tag{5.42}$$

と書ける．

ここで，$p = 0$ で q が自然数のときを考える．この場合，(5.37) の解はラゲール多項式（Laguerre polynomials）とよばれ，

$$L_q(x) = e^x \frac{d^q}{dx^q}(x^q e^{-x}) \quad (q = 0, 1, 2, \cdots) \tag{5.43}$$

によって表される．ただし，$p = 2l + 1 \, (l \geq 0)$ であるので，実際には $p \geq 1$ である．しかしまず，$p \geq 1$ の場合に応用するために $p = 0$ の場合を考えてみる．その低次の例は以下の通りである．

$$\left.\begin{aligned}
L_0(x) &= 1 \\
L_1(x) &= -x + 1 \\
L_2(x) &= x^2 - 4x + 2 \\
L_3(x) &= -x^3 + 9x^2 - 18x + 6 \\
L_4(x) &= x^4 - 16x^3 + 72x^2 - 96x + 24 \\
L_5(x) &= -x^5 + 25x^4 - 200x^3 + 600x^2 - 600x + 120
\end{aligned}\right\} \tag{5.44}$$

これを見るとわかるように，$L_q(x)$ は x の q 次関数である．

次に，p が 1 以上の整数のとき，解は**ラゲール陪多項式**（associated Laguerre polynomials）とよばれ，

$$L_q^p(x) = \frac{d^p}{dx^p} L_q(x) \quad (p \le q) \tag{5.45}$$

によって表される．

以下に低次の例を示す．

$$\left.\begin{aligned}
L_1^1(x) &= -1 \\
L_2^1(x) &= 2x - 4 \\
L_2^2(x) &= 2 \\
L_3^1(x) &= -3x^2 + 18x - 18 \\
L_3^2(x) &= -6x + 18 \\
L_3^3(x) &= -6 \\
L_4^1(x) &= 4x^3 - 48x^2 + 144x - 96 \\
L_4^2(x) &= 12x^2 - 96x + 144 \\
L_4^3(x) &= 24x - 96 \\
L_4^4(x) &= 24 \\
L_5^1(x) &= -5x^4 + 100x^3 - 600x^2 + 1200x - 600 \\
L_5^2(x) &= -20x^3 + 300x^2 - 1200x + 1200 \\
L_5^3(x) &= -60x^2 + 600x - 1200 \\
L_5^4(x) &= -120x + 600 \\
L_5^5(x) &= -120
\end{aligned}\right\} \tag{5.46}$$

これを見るとわかるように，$L_q^p(x)$ は x の $(q-p)$ 次関数である．

5.4.3 動径波動関数の規格化

以上のことを用いると，規格化された動径波動関数は

5. 水素原子の電子軌道

$$R_{nl}(\tilde{r}) = -\left[\left(\frac{2}{n}\right)^3 \frac{(n-l-1)!}{2n\{(n+l)!\}^3}\right]^{1/2} \left(\frac{2\tilde{r}}{n}\right)^l e^{-\tilde{r}/n} L_{n+l}^{2l+1}\left(\frac{2\tilde{r}}{n}\right) \tag{5.47}$$

と表される[5]. (5.47)における規格化因子は, ラゲール陪多項式の性質

$$\int_0^\infty \{x^l e^{-x/2} L_{n+l}^{2l+1}(x)\}\{x^{l'} e^{-x/2} L_{n'+l'}^{2l'+1}(x)\} x^2 \, dx = \frac{2n\{(n+l)!\}^3}{(n-l-1)!} \delta_{nn'} \delta_{ll'} \tag{5.48}$$

により定めたものである[6]. ここで以下にいくつかの関数形を示す

$$\left.\begin{aligned}
R_{10}(\tilde{r}) &= 2e^{-\tilde{r}} \\
R_{20}(\tilde{r}) &= \frac{1}{\sqrt{2}}\left(1 - \frac{1}{2}\tilde{r}\right) e^{-\tilde{r}/2} \\
R_{21}(\tilde{r}) &= \frac{1}{2\sqrt{6}} \tilde{r} e^{-\tilde{r}/2} \\
R_{30}(\tilde{r}) &= \frac{2}{81\sqrt{3}} (27 - 18\tilde{r} + 2\tilde{r}^2) e^{-\tilde{r}/3} \\
R_{31}(\tilde{r}) &= \frac{4}{81\sqrt{6}} (6 - \tilde{r}) \tilde{r} e^{-\tilde{r}/3} \\
R_{32}(\tilde{r}) &= \frac{4}{81\sqrt{30}} \tilde{r}^2 e^{-\tilde{r}/3}
\end{aligned}\right\} \tag{5.49}$$

これらの動径波動関数を, 図5.2に図示する. また確率密度に直したものを, 図5.3に図示する. ここで, $\{R_{nl}(r)\}^2 r^2 dr$ は r と $r+dr$ の間で粒子を発見する確率を示す.

ところで, Ψ_{nlm} の規格化積分は

$$\int_{\text{all space}} |\Psi_{nlm}(r, \theta, \phi)|^2 \, d\boldsymbol{r} = 1 \tag{5.50}$$

と書ける. この積分は全空間に渡る体積積分であり, $d\boldsymbol{r}$ はその微小体積要

---

[5] (5.47)右辺の $(2/n)^3$ の部分を $(2/nr_1)^3$ と書いてある文献もある. これは本書のように原子単位を用いるか, そうでないかの違いによる. 原子単位を用いない場合, $r = r_1 \tilde{r}$ であるので, $r^2 dr = r_1^3 \tilde{r}^2 d\tilde{r}$ となり, 規格化積分においてつじつまが合う.

[6] ラゲール陪多項式は $l_q^p(x) = (-1)^p L_{p+q}^p(x)$ のように定義される場合もあるので注意を要する.

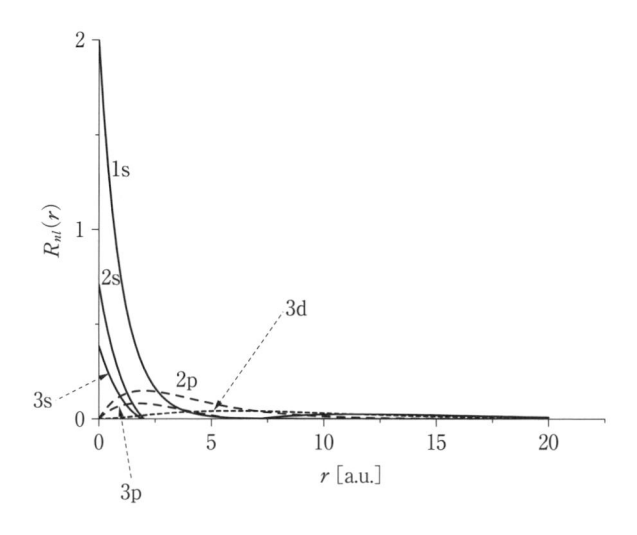

図 5.2 動径波動関数．横軸は原子単位 [a.u.] を使用している．1s, 2s, 2p, 3s, 3p, 3d は電子軌道の名前であり，それぞれ $R_{10}, R_{20}, R_{21}, R_{30}, R_{31}, R_{32}$ に対応する．

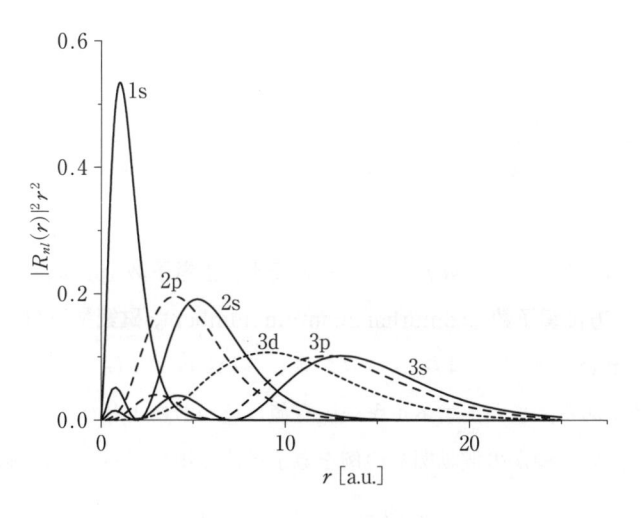

図 5.3 確率密度

素である．これを x, y, z で積分する際の微小体積要素は $d\boldsymbol{r} = dx\,dy\,dz$ であるが，極座標により積分を行う場合は $d\boldsymbol{r} = r^2 \sin\theta\,dr\,d\theta\,d\phi$ となる．ここで，$r^2 \sin\theta$ は**ヤコビアン**（Jacobian）である．よって規格化積分は

$$\int_0^\infty \{R_{nl}(r)\}^2 r^2\,dr \int_0^{2\pi}\int_0^\pi |Y_l^m(\theta,\phi)|^2 \sin\theta\,d\theta\,d\phi = 1 \quad (5.51)$$

と書ける．角度成分は(5.27)のように，すでに規格化されているので，

$$\int_0^\infty \{R_{nl}(r)\}^2 r^2\,dr = 1 \quad (5.52)$$

が成り立てば良い．

この積分の被積分関数は，動径方向の確率密度に当たる．図5.3を見ると，確率密度の山の数は $(n-l)$ 個であり，また，n が大きいほど主たる山が r の大きい方に存在することもわかる．これは，n が大きいほど $\tilde{E}_n = -1/n^2$ の絶対値が小さく，電子が原子核により弱く束縛されているからである．

◀**問題21**▶ 水素原子1s軌道の確率密度に最大値を与える $\tilde{r}$ を求めよ．

5.5 全波動関数

最終的に(5.1)の解は，動径成分と角度成分の積として，

$$\Psi_{nlm}(\tilde{\boldsymbol{r}}) = R_{nl}(\tilde{r})\,Y_l^m(\theta,\phi) \quad (5.53)$$

と表される．ここで量子数 n, l, m はそれぞれ，**主量子数**（principal quantum number），**方位量子数**（azimuthal quantum number），**磁気量子数**（magnetic quantum number）とよばれ，$n > l$ および $-l \leq m \leq l$ $(n = 1, 2, 3, \cdots)$ を満たす整数である．また，エネルギー固有値は(5.42)により与えられる．

ここで，いくつかの波動関数の例を原子単位を用いて示す．1s軌道は，

$$\left.\begin{aligned}\Psi_{100}(\tilde{\boldsymbol{r}}) &= \frac{1}{\sqrt{\pi}}\,e^{-\tilde{r}} \\ \tilde{E}_1 &= -1\end{aligned}\right\} \quad (5.54)$$

により表される.これは基底状態である.また,$n=2$は2s軌道とよばれ,

$$\left. \begin{aligned} \Psi_{200}(\tilde{\boldsymbol{r}}) &= \frac{2-\tilde{r}}{4\sqrt{2\pi}}\, e^{-\tilde{r}/2} \\ \widetilde{E}_2 &= -\frac{1}{4} \end{aligned} \right\} \quad (5.55)$$

と表される.このように,s状態は角度依存性がなく球対称形をしている.

これに対し,2p軌道は,

$$\left. \begin{aligned} \Psi_{210}(\tilde{\boldsymbol{r}}) &= \frac{\tilde{r}}{4\sqrt{2\pi}}\, e^{-\tilde{r}/2} \cos\theta \\ \Psi_{21\pm1}(\tilde{\boldsymbol{r}}) &= \mp \frac{\tilde{r}}{8\sqrt{\pi}}\, e^{-\tilde{r}/2} \sin\theta\, e^{\pm i\phi} \\ \widetilde{E}_2 &= -\frac{1}{4} \end{aligned} \right\} \quad (5.56)$$

のように角度依存性を持つ.この場合は,$m=-1,0,1$ の3つが同じエネルギーであるので3重縮退している.

以下に3s, 3p, 3d軌道までを示しておく.

$$\left. \begin{aligned} \Psi_{300}(\tilde{\boldsymbol{r}}) &= \frac{1}{81\sqrt{3\pi}}(27-18\tilde{r}+2\tilde{r}^2)\, e^{-\tilde{r}/3} \\ \Psi_{310}(\tilde{\boldsymbol{r}}) &= \frac{\sqrt{2}}{81\sqrt{\pi}}(6-\tilde{r})\tilde{r} e^{-\tilde{r}/3}\cos\theta \\ \Psi_{31\pm1}(\tilde{\boldsymbol{r}}) &= \mp \frac{1}{81\sqrt{\pi}}(6-\tilde{r})\tilde{r} e^{-\tilde{r}/3}\sin\theta\, e^{\pm i\phi} \\ \Psi_{320}(\tilde{\boldsymbol{r}}) &= \frac{1}{81\sqrt{6\pi}}\,\tilde{r}^2 e^{-\tilde{r}/3}(3\cos^2\theta-1) \\ \Psi_{32\pm1}(\tilde{\boldsymbol{r}}) &= \mp \frac{1}{81\sqrt{\pi}}\,\tilde{r}^2 e^{-\tilde{r}/3}\sin\theta\cos\theta\, e^{\pm i\phi} \\ \Psi_{32\pm2}(\tilde{\boldsymbol{r}}) &= \frac{1}{162\sqrt{\pi}}\,\tilde{r}^2 e^{-\tilde{r}/3}\sin^2\theta\, e^{\pm 2i\phi} \\ \widetilde{E}_3 &= -\frac{1}{8} \end{aligned} \right\} \quad (5.57)$$

ところで，原子番号 Z の水素様原子の場合，(5.1)のポテンシャル部分は $-Ze^2/(4\pi\varepsilon_0 r)$ とおきかえられる．これは，原子番号 Z の原子核の周りの Z 個の電子のうち $(Z-1)$ 個が取れて，$(Z-1)$ 価の陽イオンとなった状態である[7]．このときに原子核は，$+Ze$ の電気を帯びており，それと $-e$ の電気を帯びた1個の電子がクーロン相互作用している．この場合，エネルギー固有値は原子単位において $-Z^2/n^2$ となる．例えば He$^+$ や Li^{2+} は，それぞれ $Z=2$ および 3 の水素様原子である．

第5章のポイント確認

1. 水素原子の電子軌道を求めるため，シュレディンガー方程式を極座標の各成分に変数分離する方法について理解できた．
2. ϕ 成分の解法について理解できた．
3. θ 成分の解法について理解できた．
4. 動径成分の解法について理解できた．
5. 全波動関数について理解できた．

---

[7] $(Z-2)$ 個の電子が取れて 2 個の電子が残った場合は，水素様原子とはよばない．その場合，電子間のクーロン相互作用も重要な因子となり，簡単には解くことはできない．

6

1次元ポテンシャルによる散乱

　ここでは，ポテンシャルに粒子が束縛されるのではなく，散乱される問題の量子論的取り扱いについて述べる．この場合，ポテンシャルで入射波が散乱され，その一部は反射波となり，また一部は透過波となると考える．その際のエネルギーは束縛状態のときと異なり，正の連続値を取る．

　これらの波から，反射率や透過率を計算することができるが，系内に粒子の湧き出し点や吸収点がない限りは確率の保存則が成り立つ必要がある．

【学習目標】 1次元ポテンシャルに，さまざまな条件で波が入射される場合のシュレディンガー方程式を解き，反射率，透過率，トンネル効果などについて理解する．

【Keywords】 入射波，反射波，透過波，確率流密度，反射率，透過率，トンネル効果

6.1　長方形状の1次元ポテンシャル障壁による平面波の散乱

　ここでは，1次元の長方形状のポテンシャル障壁に平面波が衝突して散乱される問題を考える．まず図6.1に，左遠方から入射された波が障壁によって散乱され，一部は反射し，同時に一部は透過する場合の概念図を示す．障壁の高さはエネルギーの単位を持つ．ただし，障壁と一緒に表示した3つの

6. 1次元ポテンシャルによる散乱

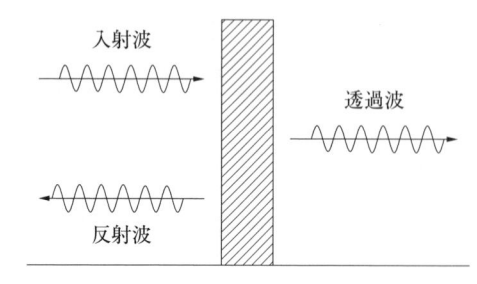

図 6.1 長方形状の1次元ポテンシャル障壁による平面波の散乱.

波の高さはエネルギーとは無関係である．波のエネルギーは，むしろその波長と関係する．

この場合，全体的に見て確率の収支が合っているかどうかが重要となる．それを数学的に取り扱うために，以下で示すような確率流密度という考え方が必要となってくる．

6.1.1 確率流密度

1次元問題における時間依存シュレディンガー方程式

$$\left\{-\frac{\hbar^2}{2m}\frac{\partial^2}{\partial x^2} + V(x)\right\}\Psi(x,t) = i\hbar\frac{\partial \Psi(x,t)}{\partial t} \tag{6.1}$$

を考える．ここで$V(x)$は，長方形状のポテンシャル障壁を示す実関数である[1]．

さて，この方程式の解Ψを用いて

$$P(x,t) = |\Psi(x,t)|^2 \tag{6.2}$$

を定義すると，$P \varDelta x$は時刻tにxと$x + \varDelta x$の間において粒子を見出す確率を意味する．図 6.1 のような場合，入射波の一部が障壁により反射され，一部が透過する．

そこで，Pの時間微分を計算してみる．一般にΨは複素数であり，$|\Psi|^2$

---

[1] 長方形状のポテンシャル障壁を取り扱うのは，計算が簡単になるからである．とはいえ，この後なかなか複雑な式がたくさん出てくる．どこが簡単な例であるのかは読者自らが良く考えてみてほしい．

は Ψ とその共役複素数 Ψ^* の積で表されるので，P の時間微分は

$$\frac{\partial P}{\partial t} = \frac{\partial \Psi^* \Psi}{\partial t} = \frac{\partial \Psi^*}{\partial t} \Psi + \Psi^* \frac{\partial \Psi}{\partial t} \tag{6.3}$$

のように計算できる．一方，(6.1)およびその複素共役より，

$$\left. \begin{array}{l} \dfrac{\partial \Psi}{\partial t} = -\dfrac{\hbar}{2im} \dfrac{\partial^2 \Psi}{\partial x^2} + \dfrac{1}{i\hbar} V\Psi \\[2mm] \dfrac{\partial \Psi^*}{\partial t} = \dfrac{\hbar}{2im} \dfrac{\partial^2 \Psi^*}{\partial x^2} - \dfrac{1}{i\hbar} V\Psi^* \end{array} \right\} \tag{6.4}$$

と表せる[2]．

ゆえに，これを(6.3)に代入すると

$$\frac{\partial P}{\partial t} = \frac{\hbar}{2im}\left(\Psi \frac{\partial^2 \Psi^*}{\partial x^2} - \Psi^* \frac{\partial^2 \Psi}{\partial x^2} \right) \tag{6.5}$$

を得る．この両辺を，x から $x+\Delta x$ まで積分すると部分積分により

$$\begin{aligned} \frac{\partial}{\partial t} \int_x^{x+\Delta x} P\, dx &= \frac{\hbar}{2im} \int_x^{x+\Delta x}\left(\Psi \frac{\partial^2 \Psi^*}{\partial x^2} - \Psi^* \frac{\partial^2 \Psi}{\partial x^2} \right) dx \\ &= \frac{\hbar}{2im}\left(\left[\Psi \frac{\partial \Psi^*}{\partial x} \right]_x^{x+\Delta x} - \int_x^{x+\Delta x} \frac{\partial \Psi}{\partial x} \frac{\partial \Psi^*}{\partial x}\, dx \right. \\ &\qquad \left. - \left[\Psi^* \frac{\partial \Psi}{\partial x} \right]_x^{x+\Delta x} + \int_x^{x+\Delta x} \frac{\partial \Psi^*}{\partial x} \frac{\partial \Psi}{\partial x}\, dx \right) \\ &= \frac{\hbar}{2im}\left[\Psi \frac{\partial \Psi^*}{\partial x} - \Psi^* \frac{\partial \Psi}{\partial x} \right]_x^{x+\Delta x} \tag{6.6} \end{aligned}$$

が得られる．

したがって，

$$S(x,t) = \frac{\hbar}{2im}\left(\Psi^* \frac{\partial \Psi}{\partial x} - \frac{\partial \Psi^*}{\partial x} \Psi \right) \tag{6.7}$$

のような関数を定義すると，

$$\frac{\partial}{\partial t} \int_x^{x+\Delta x} P(x,t)\, dx = S(x,t) - S(x+\Delta x, t) \tag{6.8}$$

と書ける．ここで左辺は，x と $x+\Delta x$ の区間に粒子を見出す確率の時間変

---

[2] V が実関数のとき $V^* = V$ が成り立つ．

化と解釈できる．

よって，$S(x,t)$ を時刻 t に位置 x から流れ込んだ確率，$S(x+\Delta x, t)$ を時刻 t に位置 $x+\Delta x$ から流れ出した確率と解釈すればつじつまが合う．このように解釈できる関数 S を，**確率流密度**（probability current density）とよぶ[3]．

例えば，入射平面波 $\Psi(x) = Ae^{ikx}$ に対する確率流密度は

$$S_\mathrm{i}(x,t) = \frac{\hbar k}{m}|A|^2 \tag{6.9}$$

のように計算できる[4]．同様に，入射平面波 $\Psi(x) = Ae^{ikx}$ がポテンシャルで散乱されて，$\Psi(x) = Ce^{ikx}$ として透過した場合の透過波の確率流密度は $S_\mathrm{t} = (\hbar k/m)|C|^2$ である[5]．この場合の**透過率**（transmittance）は，散乱前後の確率流密度の比として

$$T = \frac{S_\mathrm{t}}{S_\mathrm{i}} = \frac{(\hbar k/m)|C|^2}{(\hbar k/m)|A|^2} = \frac{|C|^2}{|A|^2} \tag{6.10}$$

により計算できる．

この場合，入射波と透過波の波数が同じなので (6.10) において分子分母の $\hbar k/m$ が相殺するが，両者が異なる場合は相殺しないことに注意しなければならない．また，反射波が $\Psi(x) = Be^{-ikx}$ で表されるとき，反射波の確率流密度は $S_\mathrm{r} = -(\hbar k/m)|B|^2$ であり，**反射率**（reflectance）は以下のように表される．

$$R = \frac{|S_\mathrm{r}|}{S_\mathrm{i}} = \frac{(\hbar k/m)|B|^2}{(\hbar k/m)|A|^2} = \frac{|B|^2}{|A|^2} \tag{6.11}$$

一般に，T と R は，系内で粒子の湧き出しや吸収が起きない限り，以下を満たす．

---

[3] 3次元問題の確率流密度に関しては付録Dを参照されたい．

[4] 平面波については図2.2で説明した．ここでは1次元の問題を考えているので，平面という語には違和感があるかもしれない．しかし，1次元の場合も平面波というのが習慣である．

[5] S_i および S_t の下つき添え字はそれぞれ，入射波（incident wave）および透過波（transmitted wave）を表している．

6.1 長方形状の1次元ポテンシャル障壁による平面波の散乱

$$T + R = 1 \tag{6.12}$$

◀例題 12 ▶ (6.9)を導出せよ.

解答 $\Psi(x) = Ae^{ikx}$, $\partial \Psi(x)/\partial x = ikAe^{ikx}$ および $\Psi^*(x) = A^*e^{-ikx}$, $\partial \Psi^*(x)/\partial x = -ikA^*e^{-ikx}$ を(6.7)に代入すると，以下のように計算できる.

$$S_i(x,t) = \frac{\hbar}{2im}\{A^*e^{-ikx}ikAe^{ikx} - (-ikA^*e^{-ikx})Ae^{ikx}\} = \frac{\hbar k}{m}|A|^2$$

ここで，k や x は実数であるので，複素共役を取ってもアスタリスクをつける必要がないことに注意を要する.

◀問題 22 ▶ 次式を証明せよ.

$$-\frac{\partial S}{\partial x} = \frac{\partial P}{\partial t}$$

6.1.2 散乱解

ここではエネルギー E，質量 m の粒子が，

$$V(x) = \begin{cases} 0 & (x < 0 \,;\, 領域 \mathrm{I}) \\ V_0 & (0 < x < b \,;\, 領域 \mathrm{II}) \\ 0 & (b < x \,;\, 領域 \mathrm{III}) \end{cases} \tag{6.13}$$

のような高さ V_0，厚さ b のポテンシャル障壁に，左遠方から入射された場合について考察する．このポテンシャルを図示すると図 6.2 のようになる.

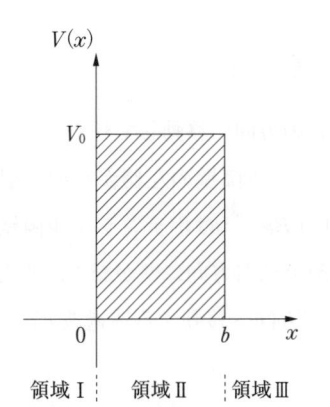

図 6.2 長方形状のポテンシャル障壁

各領域でのシュレディンガー方程式は

$$領域\text{I}：-\frac{\hbar^2}{2m}\frac{d^2\Psi_\text{I}}{dx^2} = E\Psi_\text{I}$$

$$領域\text{II}：\left(-\frac{\hbar^2}{2m}\frac{d^2}{dx^2} + V_0\right)\Psi_\text{II} = E\Psi_\text{II}$$

$$領域\text{III}：-\frac{\hbar^2}{2m}\frac{d^2\Psi_\text{III}}{dx^2} = E\Psi_\text{III}$$

のように書ける．領域 I および III における解は，$E = \hbar^2 k^2/2m$ とおくと

$$\Psi_\text{I}(x) = Ae^{ikx} + Be^{-ikx} \tag{6.14}$$

$$\Psi_\text{III}(x) = Ce^{ikx} \tag{6.15}$$

となる．

このような解の各項は，次のように解釈できる．まず，領域 I における解 (6.14) 右辺第 1 項に，時間因子 $e^{-i\omega t}$ を掛けて $Ae^{i(kx-\omega t)}$ とし，この波の位相を δ とおく．

すると，位相一定の点 $x_p(t)$ は

$$\delta = kx_p(t) - \omega t = \text{const.} \tag{6.16}$$

を満たす．これを時間微分すると

$$\frac{d\delta}{dt} = k\frac{dx_p(t)}{dt} - \omega = 0 \tag{6.17}$$

となり，$k > 0, \omega > 0$ のとき

$$\frac{dx_p(t)}{dt} = \frac{\omega}{k} > 0 \tag{6.18}$$

が得られる．これは，位相一定の点が正の方向に移動して行くことを意味する．すなわち $Ae^{ikx}(k > 0)$ は，ポテンシャル障壁の左側からの入射波を示している．同様に，(6.14) 右辺第 2 項の Be^{-ikx} はポテンシャル障壁による反射波を示す．領域 III における解 (6.15) では右方向に壁がなく，また右方向からの入射波もないことを考慮し，正の方向へ移動する透過波 Ce^{ikx} のみを使用した．

領域IIにおける解は E と V_0 の大小関係によって異なるので，次節以降でそれについて述べる．

6.2　$E > V_0$ の場合

この場合，領域IIでの解は正の実数 α を用いて $E - V_0 = \hbar^2\alpha^2/2m$ とおくと，

$$\Psi_{\mathrm{II}}(x) = Fe^{i\alpha x} + Ge^{-i\alpha x} \tag{6.19}$$

となる[6]．この解は波であることが特徴的である．

6.2.1　境界において滑らかにつながる解

(6.19)右辺第1項は $+x$ 方向に進む波，第2項は $-x$ 方向に進む波を示す．これですべての領域の解が出そろったことになるが，定数 A, B, C, F, G は境界 $x = 0$ および $x = b$ において解が滑らかに接続するように定められる．

そのために，まず $x = 0$ において，左右の関数の値や微分が等しい必要があり，

$$\Psi_{\mathrm{I}}(0) = \Psi_{\mathrm{II}}(0), \quad \left[\frac{d\Psi_{\mathrm{I}}}{dx}\right]_{x=0} = \left[\frac{d\Psi_{\mathrm{II}}}{dx}\right]_{x=0}$$

と書ける．また，$x = b$ においても同様の必要があり，

$$\Psi_{\mathrm{II}}(b) = \Psi_{\mathrm{III}}(b), \quad \left[\frac{d\Psi_{\mathrm{II}}}{dx}\right]_{x=b} = \left[\frac{d\Psi_{\mathrm{III}}}{dx}\right]_{x=b}$$

と書ける．

以上のことより

$$A + B = F + G \tag{6.20}$$

$$ik(A - B) = i\alpha(F - G) \tag{6.21}$$

$$Fe^{i\alpha b} + Ge^{-i\alpha b} = Ce^{ikb} \tag{6.22}$$

$$i\alpha(Fe^{i\alpha b} - Ge^{-i\alpha b}) = ikCe^{ikb} \tag{6.23}$$

---

[6] 係数として E を用いるとエネルギーの E と重複するので，E を使わずに F, G を用いた．なお，D は領域IIIで反射波が存在しないことより，使用していない．

を得る．これらの式より，F, G を消去すると

$$\frac{B}{A} = \frac{i(\alpha^2 - k^2)\sin \alpha b}{Z_1} \tag{6.24}$$

$$\frac{C}{A} = \frac{2k\alpha e^{-ikb}}{Z_1} \tag{6.25}$$

を得る．ただし，Z_1 は

$$Z_1 = 2k\alpha \cos \alpha b - i(\alpha^2 + k^2)\sin \alpha b \tag{6.26}$$

により定義される．

なお，複素数 Z_1 の絶対値の 2 乗は

$$|Z_1|^2 = 4k^2\alpha^2 \cos^2 \alpha b + (\alpha^2 + k^2)^2 \sin^2 \alpha b = 4k^2\alpha^2 + (\alpha^2 - k^2)^2 \sin^2 \alpha b \tag{6.27}$$

のように表される．この表現は後に使用することになる．

◀問題23▶ (6.24)および(6.25)を導出せよ．

6.2.2 透 過 率

(6.10)に(6.25)を代入すると，透過率 T は

$$T = \frac{4k^2\alpha^2}{|Z_1|^2} = \frac{4k^2\alpha^2}{(k^2 - \alpha^2)^2 \sin^2 \alpha b + 4k^2\alpha^2} = \frac{1}{\dfrac{(k^2 - \alpha^2)^2}{4k^2\alpha^2}\sin^2 \alpha b + 1} \tag{6.28}$$

となる．これに，$E = \hbar^2 k^2/2m$ および $E - V_0 = \hbar^2\alpha^2/2m$ を考慮すると

$$T = \frac{1}{1 + \dfrac{V_0^2}{4E(E - V_0)}\sin^2 \alpha b} \tag{6.29}$$

が求まる．

同様に(6.11)に(6.24)を代入すると，反射率

$$R = \frac{(\alpha^2 - k^2)^2 \sin^2 \alpha b}{|Z_1|^2} = \frac{(\alpha^2 - k^2)^2 \sin^2 \alpha b}{(k^2 - \alpha^2)^2 \sin^2 \alpha b + 4k^2\alpha^2} \tag{6.30}$$

が得られる．また，(6.12)が成り立っていることも容易にわかる．

ここで，(6.29)のように変形した理由を考えてみる．$T = 1/(1 + \Delta)$ の形をしていれば，$\Delta = 0$ のとき $T = 1$，また，$\Delta > 0$ のとき $0 < T < 1$ となることが容易にわかる．すなわち，Δ の部分が透過率に与える影響が良くわかる．したがって，(6.29)は極めて見通しの良い式であるといえる．実際，Δ に当たる部分は，ポテンシャルの形状や入射波のエネルギーを表すパラメーターを含んでおり，これらが透過率を決めている．

$E > V_0$ の場合，古典的には全透過となるが，量子力学的に取り扱うと波動性のためいくらかは反射を生じ，$T \leq 1$ となる．ここで $T = 1$，すなわち全透過となる条件は

$$\sin \alpha b = 0 \quad \longrightarrow \quad \alpha b = n\pi \quad (n = 0, 1, 2, \cdots) \qquad (6.31)$$

と表すことができる．これが成り立つかどうかは，壁の厚さ b と $\alpha = \sqrt{(2m/\hbar^2)(E - V_0)}$ の積によって決まる．すなわち，ポテンシャルの形状と入射波のエネルギーの兼ね合いにより，極まれに全透過が起こるといえる．この条件を満たす E は，(6.31)に従って無数に存在する．

以上の結果をまとめて波動関数の図示を行う．簡単のために，$A = 1$ とおくと各領域の波動関数は以下のようになる．

$$\left. \begin{aligned} \Psi_{\mathrm{I}}(x) &= e^{ikx} + \frac{i(\alpha^2 - k^2)\sin \alpha b}{|Z_1|} e^{-i(kx+\phi)} \\ \Psi_{\mathrm{II}}(x) &= \frac{k}{|Z_1|} [(\alpha + k)e^{i\{\alpha(x-b)-\phi\}} + (\alpha - k)e^{-i\{\alpha(x-b)+\phi\}}] \\ \Psi_{\mathrm{III}}(x) &= \frac{2k\alpha}{|Z_1|} e^{i\{k(x-b)-\phi\}} \end{aligned} \right\} \qquad (6.32)$$

ここで，ϕ は Z_1 を複素平面上で極座標表示した際の位相角のことで，

$$Z_1 = |Z_1| e^{i\phi} \qquad (6.33)$$

$$|Z_1| = \sqrt{4k^2\alpha^2 + (\alpha^2 - k^2)^2 \sin^2 \alpha b} \qquad (6.34)$$

$$\phi = \arctan\left\{-\frac{(\alpha^2 + k^2)\sin \alpha b}{2k\alpha \cos \alpha b}\right\} \qquad (6.35)$$

によって定義される実数である．(6.32)は複素数だが，その実部を求めると

6. 1次元ポテンシャルによる散乱

$$\left. \begin{array}{l} \mathrm{Re}\,\Psi_\mathrm{I}(x) = \cos kx + \dfrac{(\alpha^2 - k^2)\sin\alpha b}{|Z_1|}\sin(kx+\phi) \\[2mm] \mathrm{Re}\,\Psi_\mathrm{II}(x) = \dfrac{k}{|Z_1|}[(\alpha+k)\cos\{\alpha(x-b)-\phi\} \\[2mm] \qquad\qquad\quad + (\alpha-k)\cos\{\alpha(x-b)+\phi\}] \\[2mm] \mathrm{Re}\,\Psi_\mathrm{III}(x) = \dfrac{2k\alpha}{|Z_1|}\cos\{k(x-b)-\phi\} \end{array} \right\} \quad (6.36)$$

となる[7]．この結果を図 6.3 に示す．ここで，k, α の値としては $kb = 10$，$\alpha b = \sqrt{19}$ を用いた[8]．

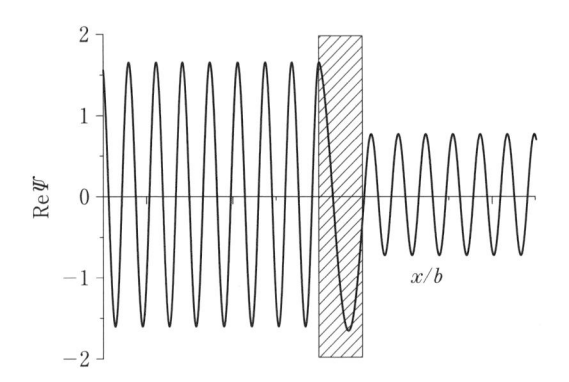

図 6.3　$E > V_0$ の場合における波動関数の実数部．横軸は b で規格化されている．

図を見ると，確かに境界において波動関数が滑らかにつながっている．また領域 I と III の波は同じ波長であり，これに比べ，領域 II の波の波長は長いことがわかる．これは，$k > \alpha$ であることを反映している．領域 I においては，入射波と反射波が重ね合わさっているので振幅は 1 より大きい．これに対し，領域 III の振幅は 1 に満たない．これは一部のみが透過したからである．

◀問題 24▶　図 6.3 の場合の透過率を，小数点以下 3 ケタまで計算せよ．

---

[7] (6.36) において，k および α の単位は $[\mathrm{m}^{-1}]$ である．また，Z_1 の単位は $[\mathrm{m}^{-2}]$ である．これに対し，b および x の単位は $[\mathrm{m}]$ である．よって，kx, αx, αb などはすべて無次元量である．その他にも，ϕ, T, R などは無次元量である．

[8] 図 6.3 の横軸は，障壁の厚さ b で規格化した無次元量ある．これに伴い k や α に b を掛け，無次元化した．例えば $\mathrm{Re}\,\Psi_\mathrm{I}$ の右辺第 1 項は $\cos kx = \cos\{kb\cdot(x/b)\}$ とした．

6.3　$E < V_0$ の場合

この場合，領域IIでの解は正の実数 β を用いて $V_0 - E = \hbar^2\beta^2/2m$ とおく．すると，この領域での解は，

$$\Psi_{II}(x) = Fe^{\beta x} + Ge^{-\beta x} \tag{6.37}$$

となる．前節でも述べたが，β は実数であり，この解は波ではないことが特徴的である．

なお，$\beta > 0$ であるので，右辺第1項は $x \to -\infty$ のとき発散し，第2項は $x \to +\infty$ のとき発散する．Ψ_{II} は波動関数であり，発散があってはならないが，領域IIは $0 < x < b$ の範囲なので発散が起こる心配はない．

6.3.1　境界において滑らかにつながる解

境界 $x = 0$ と $x = b$ における連続性の条件を考慮すると

$$A + B = F + G \tag{6.38}$$

$$ik(A - B) = \beta(F - G) \tag{6.39}$$

$$Fe^{\beta b} + Ge^{-\beta b} = Ce^{ikb} \tag{6.40}$$

$$\beta(Fe^{\beta b} - Ge^{-\beta b}) = ikCe^{ikb} \tag{6.41}$$

を得る．ここで前節と同様，A と C の比を求めれば透過率が求まるが，結果は以下のようになる．

$$\frac{C}{A} = -\frac{2i\beta k}{Z_2} e^{-ikb} \tag{6.42}$$

ただし Z_2 は

$$Z_2 = (\beta^2 - k^2)\sinh\beta b - 2i\beta k \cosh\beta b \tag{6.43}$$

により定義される．また，

$$|Z_2|^2 = (\beta^2 - k^2)^2 \sinh^2\beta b + 4\beta^2 k^2 \cosh^2\beta b$$
$$= (\beta^2 + k^2)^2 \sinh^2\beta b + 4\beta^2 k^2$$

である．

◀問題25▶ (6.42), (6.43)を導出せよ.

6.3.2 透過率

(6.42)を(6.10)に代入すると透過率 T は

$$T = \frac{4\beta^2 k^2}{|Z_2|^2} = \frac{4\beta^2 k^2}{(\beta^2 + k^2)^2 \sinh^2 \beta b + 4\beta^2 k^2} \tag{6.44}$$

と書ける. さらに, $k^2 = (2m/\hbar^2)E$ および $\beta^2 = (2m/\hbar^2)(V_0 - E)$ を用いると

$$T = \frac{1}{1 + \dfrac{V_0^2}{4E(V_0 - E)} \sinh^2 \beta b} \tag{6.45}$$

が求まる.

古典的には $V_0 > E$ のときは $T = 0$ であるが, (6.45)を見るとわかるように量子力学的には V_0 や b が有限であれば $1 \geq T > 0$ であり, 粒子が壁をすり抜ける確率はゼロではない. これを**トンネル効果** (tunneling effect) とよぶ. この現象はポテンシャルの壁の厚さ b が薄くなったり, 壁の高さ V_0 とエネルギーが近づいたとき顕著となる. そのことは直観的に理解できるが, (6.45)を見ても明らかである. この現象の応用分野は多方面に亘る.

ここまで, $E < V_0$ の場合について一通りすべての計算を正直に行ってきた. しかし, $E > V_0$ の場合の計算結果を,

$$i\alpha \longrightarrow \beta \tag{6.46}$$

と変換するだけで, すべての $E < V_0$ の結果を簡単に導出することができる. ただし, その際次式を用いるので以下に示しておく.

$$\cos(\pm ix) = \cosh x, \quad \sin(\pm ix) = \pm i \sinh x$$

最初からこの処方を紹介しておけば良かったが, 多角的に問題を検討するのも重要なことなので, あえてこのような手順を取った.

以上の結果をまとめて波動関数の図示を行う. 簡単のために $A = 1$ とお

くと，各領域の波動関数は以下のようになる．

$$\begin{aligned}
\Psi_{\mathrm{I}}(x) &= e^{ikx} - \frac{(\beta^2 + k^2)\sinh \alpha b}{|Z_2|} e^{-i(kx+\phi)} \\
\Psi_{\mathrm{II}}(x) &= -\frac{k}{|Z_2|}\{(i\beta - k)e^{\beta(x-b)-i\phi} + (i\beta + k)e^{-\beta(x-b)-i\phi}\} \\
\Psi_{\mathrm{III}}(x) &= \frac{2ik\beta}{|Z_2|} e^{i\{k(x-b)-\phi\}}
\end{aligned} \tag{6.47}$$

ここで，前節と同様に ϕ は Z_2 を複素平面上で極座標表示した際の位相角で，

$$Z_2 = |Z_2|e^{i\phi} \tag{6.48}$$

$$|Z_2| = \sqrt{(\beta^2 + k^2)^2 \sinh^2 \beta b + 4k^2 \beta^2} \tag{6.49}$$

$$\phi = \arctan\left\{\frac{-2k\beta \cosh \beta b}{(\beta^2 - k^2)\sinh \beta b}\right\} \tag{6.50}$$

によって定義される実数である．

しかしこのように，波動関数が複素関数のままでは2次元のグラフにすることはできないので，各領域における波動関数の実部を求めると

$$\begin{aligned}
\mathrm{Re}\,\Psi_{\mathrm{I}}(x) &= \cos kx - \frac{(\beta^2 + k^2)\sinh \beta b}{|Z_2|}\cos(kx + \phi) \\
\mathrm{Re}\,\Psi_{\mathrm{II}}(x) &= \frac{2k}{|Z_2|}\{k \sinh \beta(x-b)\cos \phi - \beta \cosh \beta(x-b)\sin \phi\} \\
\mathrm{Re}\,\Psi_{\mathrm{III}}(x) &= \frac{2k\beta}{|Z_2|}\sin\{k(x-b) - \phi\}
\end{aligned} \tag{6.51}$$

となる．これを図示すると図6.4のようになる．

ここで前節と同様，k, β の値としては $kb = 10$，$\beta b = \sqrt{(10.2)^2 - 10^2}$ を用いた．図を見ると，確かに境界において波動関数が滑らかにつながっている．また，領域 I と III の解は同じ波長の波であり，これに比べ領域 II では減衰する関数であることがわかる．領域 I においては，入射波と反射波が重ね

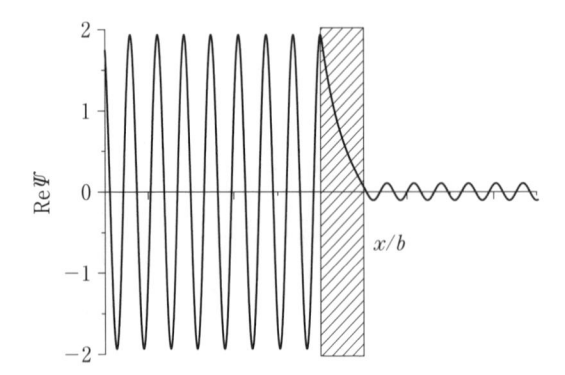

94　6．1次元ポテンシャルによる散乱

図 6.4 $E<V_0$ の場合における波動関数の実数部．横軸では b で規格化されている．

合わさっているので振幅は1より大きくなっている．これに対し，領域IIIの振幅は1に満たない．これは一部のみが透過したためである．

◀**問題 26**▶　図 6.4 の場合の透過率を小数点以下3ケタまで計算せよ．

6.4　透過率と入射エネルギーの関係

ここでは，無次元のパラメーター

$$q = \frac{2mV_0b^2}{\hbar^2} \tag{6.52}$$

を導入する．このパラメーターは，障壁が高いかあるいは厚いときに大きくなる．また，入射粒子の質量が大きいほど大きくなる．

(6.52) を用いて (6.29) と (6.45) を書きかえると以下のようになる．

（i）$E > V_0$ の場合，(6.29) は以下のように書ける．

$$T = \frac{1}{1 + \dfrac{1}{4\dfrac{E}{V_0}\left(\dfrac{E}{V_0}-1\right)} \sin^2\sqrt{q\left(\dfrac{E}{V_0}-1\right)}} \tag{6.53}$$

（ii）$E < V_0$ の場合，(6.45) は以下のように書ける．

6.4 透過率と入射エネルギーの関係

$$T = \cfrac{1}{1 + \cfrac{1}{4\cfrac{E}{V_0}\left(1-\cfrac{E}{V_0}\right)} \sinh^2\sqrt{q\left(1-\cfrac{E}{V_0}\right)}} \quad (6.54)$$

(6.53), (6.54) 共に $E/V_0 \to 1$ の極限を取ると $T = 1/(1 + q/4)$ となり，境界において連続である．このことを踏まえ，q をパラメータとして捉え直し，T を E/V_0 の関数としてプロットしてみると図 6.5 のようになる．これを見ると，q が大きいほど結果は $E/V_0 = 1$ から立ち上がるステップ関数[9]に近づく．

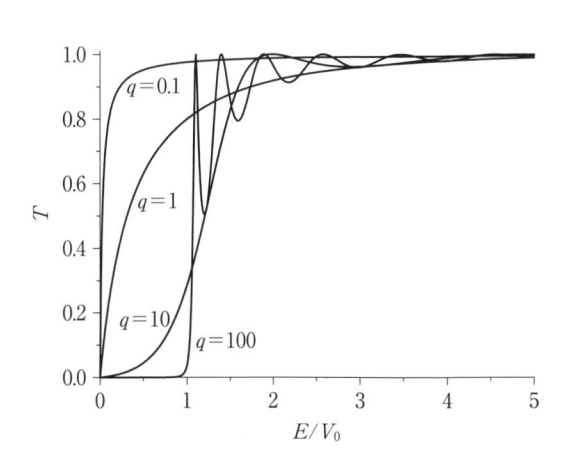

図 6.5 透過率と入射エネルギーの関係

すなわち，q が大きいほど古典論的となり，逆に小さいほど量子論的となることがわかる．また，(6.31) が成り立ったために $T = 1$ となっている個所もいくつか見られる．

---

[9] ステップ関数は以下のような関数である．

$$\theta(x) = \begin{cases} 0 & (x < 0) \\ \dfrac{1}{2} & (x = 0) \\ 1 & (0 < x) \end{cases}$$

古典論では $E < V_0$ のとき全反射，$E > V_0$ のとき全透過となる．このとき透過率はステップ関数で表される．

6.5　$E > 0 > V_0$ の場合

6.2 節で $E > V_0$ の場合について述べたが，この場合ポテンシャルの山を想定しているので，$V_0 > 0$ である．これに対し，この節ではいわばポテンシャルの穴について検討したい．すなわち，$E > 0 > V_0$ の場合について検討する．

ところで 6.2 節を振り返ると，$V_0 < 0$ となっても不都合な点はまったくないことがわかる．よって，ここでも 6.2 節の式をそのまま用いることができる．異なるのは $k < \alpha$ となることのみである．そこで，$\tilde{k} = 4$, $\tilde{\alpha} = \sqrt{97}$ の場合に対する計算結果を図 6.6 に示す．

この場合は，入射波のエネルギーが $E = \hbar^2 (\tilde{k}b)^2 / 2m$，障壁の高さが $V_0 = -(2m/\hbar^2)\{(\tilde{\alpha}b)^2 - (\tilde{k}b)^2\}$ の場合に相当する．これを見ると，たとえ $V_0 < 0$ のような穴であっても，入射波がその部分を通過する際，影響を受けることがわかる．

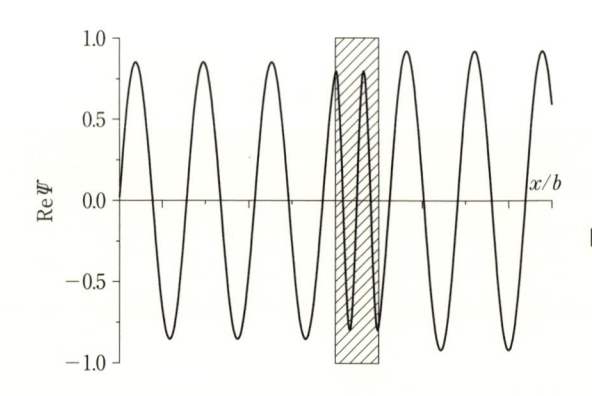

図 6.6 $E > 0 > V_0$ の場合における波動関数の実数部．横軸は b で規格化されている．

第6章のポイント確認

1. 長方形状の1次元ポテンシャル障壁による平面波の散乱について理解できた．
2. 入射波のエネルギーがポテンシャル障壁より高い場合の解法について理解できた．
3. 入射波のエネルギーがポテンシャル障壁より低い場合の解法について理解できた．
4. 入射波のエネルギーにより，透過率が異なることを理解できた．

7

不確定性原理

　1927年，**ハイゼンベルグ**（Heisenberg）は電子のようなミクロの粒子を観測する**思考実験**（gedankenexperiment）を考案し，**不確定性原理**（uncertainty principle）を提唱した．この章では，まずその思考実験について説明し，次に不確定性原理と量子力学との関係について述べる．

【学習目標】　ハイゼンベルグの思考実験について学び，不確定性原理を理解する．
【Keywords】　γ線顕微鏡，不確かさ

7.1　ハイゼンベルグの思考実験

　ハイゼンベルグは図7.1に示すように，電子にγ線を照射し，その散乱波がレンズを通して反対側に像を結ぶ思考実験を考えた．ここで，可視光ではなくγ線を用いたのは可視光の波長がγ線に比べて極めて長く，可視光を用いてもミクロの粒子を検出できないからである．

　この思考実験において，γ線は電子によりコンプトン散乱され，レンズの任意の部分を通過して集光される．ここで，入射γ線の運動量をpとし，電子は静止しているとする．散乱によってγ線の運動量がp'に変化し，電子も運動量p_eを得たとすると，運動量保存則により，

7.1 ハイゼンベルグの思考実験

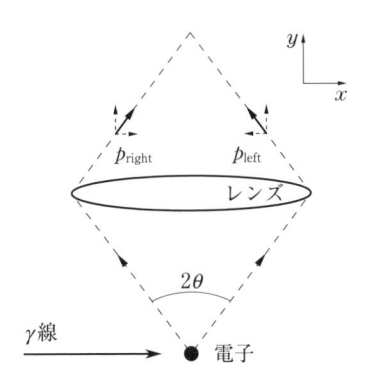

図7.1 γ線顕微鏡による電子の観測. レンズの左端及び右端を通って焦点に向かう γ 線の運動量の x 成分を，それぞれ p_{right} および p_{left} と表記する．

$$\boldsymbol{p} = \boldsymbol{p}' + \boldsymbol{p}_{\text{e}} \tag{7.1}$$

が成り立つ．

この式は任意の散乱角に対し成り立つので，2 つの異なる散乱角の場合を考えると，

$$\boldsymbol{p} = \boldsymbol{p}'_1 + \boldsymbol{p}_{\text{e1}} = \boldsymbol{p}'_2 + \boldsymbol{p}_{\text{e2}} \tag{7.2}$$

も成り立つ．これより，

$$\boldsymbol{p}_{\text{e1}} - \boldsymbol{p}_{\text{e2}} = \boldsymbol{p}'_2 - \boldsymbol{p}'_1 \tag{7.3}$$

と書ける．

よって，γ 線がレンズの右端を通過した場合と左端を通過した場合の運動量の x 成分の差が，電子の x 方向の運動量の不確かさと考えられる．そこで入射 γ 線の運動量を $p = \hbar/\lambda$ としたとき，図 7.1 における p_{right} と p_{left} を用いて

$$\Delta p = p_{\text{right}} - p_{\text{left}} = \frac{\hbar}{\lambda}\sin\theta - \left(-\frac{\hbar}{\lambda}\sin\theta\right) = 2\frac{\hbar}{\lambda}\sin\theta \tag{7.4}$$

を計算すれば，Δp は，電子の x 方向の運動量の不確かさであるといえる．

また，レンズの分解能[1]は，波長 λ の光で物を見たときに観測できる物体

---

1) (7.5)はレイリーが幾何光学を用いて導いた．

の最小の大きさを意味し,

$$\Delta x = 0.61 \frac{\lambda}{\sin \theta} \tag{7.5}$$

と表されることが知られている．すなわち，これよりも小さいものは光の回折のために観測不能となってしまう．また図7.1および(7.5)より，口径の大きなレンズほど分解能Δxが小さくなることがわかる．同様に，電子とレンズの距離が小さいほどΔxが小さくなることがわかる．ゆえに，Δxはx方向の位置の不確かさに相当すると解釈できる．

よって，(7.4)，(7.5)より

$$\Delta p\, \Delta x \approx \hbar \tag{7.6}$$

が得られる．この式は，電子の位置と運動量を同時に無制限に精度良く測定することは不可能であることを意味しており，ハイゼンベルグの不確定性原理とよばれる．(7.6)と同様な不確定関係は，エネルギーと時間についても成り立ち，エネルギーの不確かさをΔE，時間の不確かさをΔtとすると

$$\Delta E\, \Delta t \approx \hbar \tag{7.7}$$

と表せる．

なお，この思考実験からこのような結論が出たのは，実験器具や技術のレベルの低さによるとの誤解をしやすい．しかし，(7.6)や(7.7)のような性質は自然が本来持っている性質である．よって，これを原理と称している．

また，そもそも測定を行うからこのような不確かさが生ずるのであり，測定しなければすべての物理量は確定していると考えるのも誤解である．測定をしようがしまいが，自然は本来不確かさを持っているというのが不確定性原理の主張するところである．

古典力学においては初期速度，初期位置，粒子にはたらく力などがわかれば，その後の任意の時刻の粒子の位置や速度は運動方程式の解として完璧に決定される．不確定性原理の主張は，このことと大きく異なっている．このような原理は，ミクロの世界のみならず，我々が日常接するようなマクロの

世界の現象にも適用できる．

しかし，プランク定数 h の値があまりに小さいため，マクロの世界の現象においては事実上 $h \to 0$ としても差し支えない．つまり，マクロの世界には不確定性原理の影響はほとんど及ばない[2]．

◀例題 13▶ (7.6)の両辺の単位が一致していることを示せ．

解答 Δp および Δx の単位は，それぞれ kg・m/s および m であるので，右辺の単位は kg・m^2/s である．一方，$\hbar$ の単位は J・s である．ここで，位置エネルギーが mgh で表されることより J = kg・ms^{-2}・m である．よって，$\hbar$ の単位は kg・m^2/s である．これらのことより，(7.6)の両辺の単位は一致していることがわかる．

◀問題 27▶ 無限に深い 1 次元井戸型ポテンシャルに粒子が閉じ込められた場合，井戸の幅を L とすると，位置の不確かさは $\Delta x \approx L$ と考えられる．すると，不確定性原理により運動量の不確かさ Δp の最小値は $\hbar/L$ 程度である．Δp が運動量そのものと同じ程度の大きさを持つと仮定したとき，基底状態のエネルギーを求めよ．

◀問題 28▶ 前問と同じ仮定の下に，ボーアの原子モデルの最低エネルギーを求めよ．ただし，電子はボーア半径の円周上に閉じ込められるものとする．

7.2 量子力学との関係

前節で入射 γ 線の運動量を $p = h/\lambda$ としたとき，すでに前期量子論の考えを盛り込んではいるが，もっと本質的な部分で不確定性原理は量子力学と関わっている．ここではそのことについて述べる．

まず，ボーアの理論を振り返ってみる．この理論では，電子が原子核の周りの安定軌道上を回っていると考えている．このとき，軌道半径，回転速度，

---

[2] 人間の行動は脳が制御しているのは明らかである．脳内のことは筆者には専門外だが，脳神経上のミクロな現象の積み重ねが人間の心に関わっていることは想像できる．つまり，心や精神のことまで考えれば，我々の住むマクロな世界にも不確定性原理の影響が及んでいることは否定できない．

エネルギーなどはすべて量子化されている．しかし，定まった速度で定まった軌道上を回転しているのであれば，初期位置と初期速度さえ与えれば任意の時刻における位置も運動量も同時に決定可能である．これはいわゆる**決定論**（determinism）であり，この点は古典力学と同じである．

それではシュレディンガーの理論はどうであろうか？　水素原子の電子軌道をシュレディンガー方程式を解くことにより求めると，出てくるものは定まった一本道の電子軌道ではなく，原子核周りの電子の分布確率であった．つまり，**電子雲**（electronic cloud）のようなものである．これは電子の位置が不確定であることを意味している．すなわち，シュレディンガー以降の量子力学は最初から不確定性原理を内包していたといえる．

したがってハイゼンベルクのような思考実験によらなくても，シュレディンガーの理論から出発して不確定性原理を導出できるはずである．そのことを次章で説明する．

第7章のポイント確認

1. ハイゼンベルクの思考実験を通して，不確定性原理について理解できた．
2. 不確定性原理と量子力学の関係について理解できた．

8

一般論

量子力学では，物理量を演算子で表現することはすでに説明した．ここでは，その一般論について説明する．

なお，本章の話題は，記号ばかり出てきて抽象的でわかりづらいかもしれない．しかし，前章までに学んだことを踏まえて，この章を読んでほしい．例えば，調和振動子の問題については，すでに第4章において通常の方法を述べている．これと比較しながら本章を読めば比較的わかりやすいはずである．

【学習目標】 物理量を表す演算子に対し，一般的に成り立つことを理解する．
【Keywords】 エルミート演算子，交換関係，同時固有関数，生成演算子，消滅演算子，オブザーバブル，完全系，運動の恒量，エーレンフェストの定理

8.1 エルミート演算子

3次元空間内の位置ベクトル r の関数 $f(r)$ と $g(r)$ の内積を，

$$\langle f | g \rangle = \int_{\text{all space}} f^*(r) \, g(r) \, dr \tag{8.1}$$

により定義する[1]．ここで，(8.1)における積分は全空間（all space）における体積積分である．このとき，$\langle f | g \rangle = 0$ であれば f と g は直交するという．

---

1) 左辺のような表記を**ディラック表記**（Dirac notation）という．ここで〈｜〉をブラケット（bracket）とよぶが，半分から分けて〈｜をブラ（bra），｜〉をケット（ket）とよぶ．

8. 一般論

また，演算子 $\hat{A}$ と $\hat{B}$ が[2)]

$$\langle \hat{A}f \mid f \rangle = \langle f \mid \hat{B}f \rangle \tag{8.2}$$

を満たすとき，

$$\hat{B} = \hat{A}^\dagger \tag{8.3}$$

と書き，$\hat{B}$ は $\hat{A}$ の**エルミート共役**（Hermitian conjugate）であるという．
そして

$$\hat{A}^\dagger = \hat{A} \tag{8.4}$$

のとき，$\hat{A}$ は**エルミート演算子**（Hermitian operator）であるという．このとき

$$\langle \hat{A}f \mid g \rangle = \langle f \mid \hat{A}g \rangle \tag{8.5}$$

が成り立つ．

このようなエルミート演算子 $\hat{A}$ について以下のことがいえる．

(ⅰ) エルミート演算子の固有値は実数である．

(ⅱ) エルミート演算子の異なる固有値に属する固有関数は，お互い直交する．

◀例題 14▶ 定数 a および関数 f, g に対し，$\langle f \mid ag \rangle = a \langle f \mid g \rangle$ および $\langle af \mid g \rangle = a^* \langle f \mid g \rangle$ が成り立つことを証明せよ．

解答 (8.1) を用いて，以下のように証明できる．

$$\langle f \mid ag \rangle = \int f^*(\boldsymbol{r})(a\,g(\boldsymbol{r}))\,d\boldsymbol{r} = a\int f^*(\boldsymbol{r})\,g(\boldsymbol{r})\,d\boldsymbol{r} = a \langle f \mid g \rangle$$

$$\langle af \mid g \rangle = \int (af(\boldsymbol{r}))^* g(\boldsymbol{r})\,d\boldsymbol{r} = a^* \int f^*(\boldsymbol{r})\,g(\boldsymbol{r})\,d\boldsymbol{r} = a^* \langle f \mid g \rangle$$

◀問題 29▶ (ⅰ) を証明せよ．

◀問題 30▶ (ⅱ) を証明せよ．

◀問題 31▶ 1 次元運動量演算子はエルミート演算子であることを示せ．

[2)] $\hat{A}$ はハットエーと読み，A が演算子であることを示している．$\hat{A}f$ と書くと，$\hat{A}$ が示す演算が関数 f に施されることを意味する．

8.2 交換関係

2つの演算子の**交換関係**（commutation relation）を
$$[\hat{A}, \hat{B}] = \hat{A}\hat{B} - \hat{B}\hat{A} \tag{8.6}$$
と定義する．ここでは，これと量子論の関係について考える．

8.2.1 演算子の交換関係と同時固有関数

(8.6)は一般にはゼロにならず，これについて以下のことがいえる．
(ⅰ)　$\hat{A}, \hat{B}$ に同時固有関数が存在すれば両者は交換する．
(ⅱ)　縮退がないとき $\hat{A}, \hat{B}$ が交換すれば同時固有関数が存在する．

◀**問題 32**▶　（ⅰ）を証明せよ．
◀**問題 33**▶　（ⅱ）を証明せよ．

8.2.2 交換関係と不確定性原理

量子力学では演算子の交換関係を用いて計算を行う場合が多いが，以下にその例を示す．例えば，1次元問題において位置 x と運動量 $\hat{p}$ の交換関係は
$$[x, \hat{p}] = \left[x, -i\hbar \frac{d}{dx}\right] = i\hbar \tag{8.7}$$
のように表される．この関係より，位置と運動量は同時固有関数を持たないことがわかる．これは，両者を同時に決定することはできないことを意味しており，ハイゼンベルグの不確定性原理と関係がある．

演算子 $\hat{A}$ が示す物理量を Ψ という状態で測定すると，その結果は
$$\langle \hat{A} \rangle = \langle \Psi | \hat{A} | \Psi \rangle \tag{8.8}$$
と表される．ただし，Ψ は規格化されており，(8.8)は $\hat{A}$ の量子力学的期待値に当たる．すると，位置と運動量の標準偏差は
$$\Delta x = \sqrt{\langle \Psi | (x - \langle x \rangle)^2 | \Psi \rangle} \tag{8.9}$$
$$\Delta p = \sqrt{\langle \Psi | (\hat{p} - \langle \hat{p} \rangle)^2 | \Psi \rangle} \tag{8.10}$$

8. 一般論

と書け，これらがそれぞれの量の不確かさを表していると考えられる．

ここで，実数 λ を用いて新しい関数

$$\Psi' = \{x - \langle x \rangle + i\lambda(\hat{p} - \langle \hat{p} \rangle)\}\Psi \qquad (8.11)$$

を定義する．すると，x と $\hat{p}$ がエルミート演算子であることより

$$\langle \Psi' | \Psi' \rangle = \langle \Psi | \{x - \langle x \rangle - i\lambda(\hat{p} - \langle \hat{p} \rangle)\}\{x - \langle x \rangle + i\lambda(\hat{p} - \langle \hat{p} \rangle)\} | \Psi \rangle$$
$$= \langle \Psi | (x - \langle x \rangle)^2 | \Psi \rangle + i\lambda \langle \Psi | [x, \hat{p}] | \Psi \rangle$$
$$+ \lambda^2 \langle \Psi | (\hat{p} - \langle \hat{p} \rangle)^2 | \Psi \rangle$$
$$(8.12)$$

を得る．一般的に，$\langle \Psi' | \Psi' \rangle \geq 0$ であるので(8.12)は

$$(\Delta p)^2 \lambda^2 + i \langle \Psi | [x, \hat{p}] | \Psi \rangle \lambda + (\Delta x)^2 \geq 0 \qquad (8.13)$$

のような λ に関する2次方程式と解釈できる．

そこで，その判別式を D とおくと

$$D = -\langle \Psi | [x, \hat{p}] | \Psi \rangle^2 - 4(\Delta x)^2 (\Delta p)^2 \qquad (8.14)$$

となる．ここで，(8.7)および Ψ が規格化されていることを考慮すると，

$$D = \hbar^2 - 4(\Delta x)^2 (\Delta p)^2 \qquad (8.15)$$

となる．

良く知られているように，$D > 0$ のとき，λ に関する2次方程式 $\langle \Psi' | \Psi' \rangle = 0$ は，異なる2個の実数解を持つ．また，$D = 0$ のときは1個の実数解を持ち，$D < 0$ のときは実数解を持たない．これらのことを縦軸に $\langle \Psi' | \Psi' \rangle$

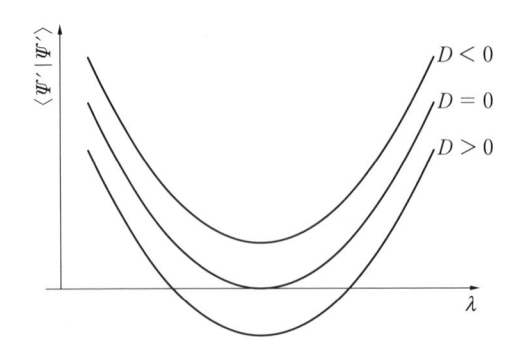

図8.1 判別式と $\langle \Psi' | \Psi' \rangle$ の関係

を取り，横軸に λ を取って図示すると，図 8.1 のようになる．これを見ると，すべての λ に関して $\langle \Psi' | \Psi' \rangle \geq 0$ が成り立つためには，$D \leq 0$ でなければならない．

これより，

$$\Delta x \, \Delta p \geq \frac{\hbar}{2} \tag{8.16}$$

が得られる．これが不確定性原理である．これからもわかるように，(8.7) は不確定性原理を表していると解釈できる．なお，エネルギーと時間についても $[E, t] = [i\hbar(\partial/\partial t), t] = i\hbar$ が成り立ち，ここからも $\Delta E \, \Delta t \geq \hbar/2$ を導出できる．

◀ 例題 15 ▶ (8.7) を証明せよ．

解答 $[x, -i\hbar(d/dx)]$ を $\phi(x)$ に作用させると，以下のように証明できる．

$$\left[x, -i\hbar \frac{d}{dx}\right]\phi(x) = -i\hbar\left\{x\frac{d\phi}{dx} - \frac{d(x\phi)}{dx}\right\} = -i\hbar\left(x\frac{d\phi}{dx} - \phi - x\frac{d\phi}{dx}\right)$$
$$= i\hbar\phi$$

8.3 演算子法による 1 次元調和振動子

(4.10) に示した 1 次元調和振動子のハミルトニアンは，

$$\mathcal{H} = \hbar\omega\left(a^\dagger a + \frac{1}{2}\right) \tag{8.17}$$

と表すこともできる．ここで，$a^\dagger$ および a は

$$a^\dagger = \sqrt{\frac{m\omega}{2\hbar}}\left(x - \frac{i}{m\omega}\hat{p}\right) \tag{8.18}$$

$$a = \sqrt{\frac{m\omega}{2\hbar}}\left(x + \frac{i}{m\omega}\hat{p}\right) \tag{8.19}$$

により定義される演算子であり，互いにエルミート共役の関係にある．

ここから出発する方法は，前述のような微分方程式を真正面から解く方法

108   8. 一般論

とは見かけ上大きく異なっている．しかし，(8.17)と(4.10)はまったく同等なハミルトニアンであることを証明できる．

◀ **問題34** ▶　(8.17)は(4.10)と同等なハミルトニアンであることを証明せよ．

8.3.1　演算子 $a^\dagger$ と a の性質

$a^\dagger$ と a の性質を調べるため，(8.7)を用いて両者の交換関係を調べると

$$[a, a^\dagger] = \frac{m\omega}{2\hbar}\left[x + \frac{i}{m\omega}\hat{p}, x - \frac{i}{m\omega}\hat{p}\right]$$

$$= \frac{m\omega}{2\hbar}\left\{-\frac{i}{m\omega}[x, \hat{p}] + \frac{i}{m\omega}[\hat{p}, x]\right\}$$

$$= \frac{m\omega}{2\hbar}\left\{-\frac{i}{m\omega}(i\hbar) + \frac{i}{m\omega}(-i\hbar)\right\} = 1 \quad (8.20)$$

が成り立つことがわかる．また，(8.17)，(8.20)，および一般式 $[AB, C] = A[B, C] + [A, C]B$ より

$$[\mathcal{H}, a^\dagger] = \hbar\omega\left[a^\dagger a + \frac{1}{2}, a^\dagger\right] = \hbar\omega[a^\dagger a, a^\dagger]$$

$$= \hbar\omega(a^\dagger[a, a^\dagger] + [a^\dagger, a^\dagger]a) = \hbar\omega a^\dagger \quad (8.21)$$

$$[\mathcal{H}, a] = \hbar\omega\left[a^\dagger a + \frac{1}{2}, a\right] = \hbar\omega[a^\dagger a, a]$$

$$= \hbar\omega(a^\dagger[a, a] + [a^\dagger, a]a) = -\hbar\omega a \quad (8.22)$$

を得る．

ここで，$\mathcal{H}$ の固有値，固有関数が $\mathcal{H}\Psi = E\Psi$ のようにわかっているとき，(8.21)を用いて，$\mathcal{H}$ を関数 $a^\dagger \Psi$ に作用させると

$$\mathcal{H}(a^\dagger \Psi) = ([\mathcal{H}, a^\dagger] + a^\dagger \mathcal{H})\Psi = (\hbar\omega a^\dagger + a^\dagger E)\Psi = (E + \hbar\omega)(a^\dagger \Psi) \quad (8.23)$$

となる．これは，Ψ に演算子 $a^\dagger$ を作用させると，固有値が $\hbar\omega$ だけ大きくなることを意味する．

同様に，(8.22)を用いると

$$\mathcal{H}(a\Psi) = ([\mathcal{H}, a] + a\mathcal{H})\Psi = (-\hbar\omega a + aE)\Psi = (E - \hbar\omega)(a\Psi) \tag{8.24}$$

となるので，Ψ に演算子 a を作用させると，固有値が $\hbar\omega$ だけ小さくなることがわかる．これを繰り返すと，固有値は無制限に小さくなる．しかし，それは

$$E = \langle \Psi | \mathcal{H} | \Psi \rangle = \frac{1}{2m} \langle \Psi | \hat{p}^2 | \Psi \rangle + \frac{1}{2} m\omega^2 \langle \Psi | x^2 | \Psi \rangle$$
$$= \frac{1}{2m} \langle \hat{p}\Psi | \hat{p}\Psi \rangle + \frac{1}{2} m\omega^2 \langle x\Psi | x\Psi \rangle \geq 0 \tag{8.25}$$

に矛盾している．つまり，調和振動子のエネルギー固有値には下限があるべきである．

よって，最低固有値 E_0 が存在するはずであり，その固有状態を Ψ_0 とすると，さらに小さい状態を作ろうとしても

$$a\Psi_0 = 0 \tag{8.26}$$

となる．したがって，(8.17) で表されるハミルトニアンを Ψ_0 に作用させると，

$$\mathcal{H}\Psi_0 = \hbar\omega \left(a^\dagger a + \frac{1}{2} \right) \Psi_0 = \frac{\hbar\omega}{2} \Psi_0 \tag{8.27}$$

となり，最低固有値 E_0 は

$$E_0 = \frac{\hbar\omega}{2} \tag{8.28}$$

であることがわかる．これを零点振動エネルギーとよぶ．

また，(8.17) と (4.24) とを比べると

$$a^\dagger a \Psi_n = n\Psi_n \quad (n = 0, 1, 2, \cdots) \tag{8.29}$$

であることもわかる．

8.3.2 演算子を用いた波動関数の表現および規格化

Ψ_0 に $a^\dagger$ を n 回作用させると，Ψ_n の定数倍になると考えられる．すると，

8. 一般論

規格化因子を N_n として

$$\Psi_n = N_n (a^\dagger)^n \Psi_0 \tag{8.30}$$

と書ける．また，1つ下の状態は，

$$\Psi_{n-1} = N_{n-1} (a^\dagger)^{n-1} \Psi_0 \tag{8.31}$$

と書ける．そこで，(8.20)および(8.26)を用いて以下の計算を試みる．

$$a\Psi_n = N_n a (a^\dagger)^n \Psi_0 = N_n (1 + a^\dagger a)(a^\dagger)^{n-1} \Psi_0$$
$$= N_n \{(a^\dagger)^{n-1} + a^\dagger a (a^\dagger)^{n-1}\} \Psi_0$$
$$= N_n \{2(a^\dagger)^{n-1} + (a^\dagger)^2 a (a^\dagger)^{n-2}\} \Psi_0 \tag{8.32}$$

この計算では，$a(a^\dagger)^n = aa^\dagger a^\dagger \cdots a^\dagger$ の部分において，一番左の a を $a^\dagger$ との交換関係 $aa^\dagger = [a, a^\dagger] + a^\dagger a = 1 + a^\dagger a$ を用いて1つ右へ移動させることを試みたが，その結果，2段目に示したように $(a^\dagger)^{n-1}$ という項が生じた．同様に，3段目において，a をさらに右へ移動させたために，$(a^\dagger)^{n-1}$ が新たにもう1つ生じた．ゆえに，これを繰り返して a を最も右まで移動させると，最後には $a\Psi_0$ という因子が生じ，その部分はゼロになる．

よって

$$a\Psi_n = N_n \{n(a^\dagger)^{n-1} + (a^\dagger)^n a\} \Psi_0 = n N_n (a^\dagger)^{n-1} \Psi_0 \tag{8.33}$$

と書ける．ここで，$N_n = (N_n/N_{n-1}) N_{n-1}$ であるので，

$$a\Psi_n = n \frac{N_n}{N_{n-1}} N_{n-1} (a^\dagger)^{n-1} \Psi_0 = n \frac{N_n}{N_{n-1}} \Psi_{n-1} \tag{8.34}$$

となり，

$$\langle a\Psi_n | a\Psi_n \rangle = \left| n \frac{N_n}{N_{n-1}} \right|^2 \langle \Psi_{n-1} | \Psi_{n-1} \rangle \tag{8.35}$$

が得られる．

一方，a がエルミート演算子であること，および(8.29)より

$$\langle a\Psi_n | a\Psi_n \rangle = \langle \Psi_n | a^\dagger a | \Psi_n \rangle = n \langle \Psi_n | \Psi_n \rangle \tag{8.36}$$

が成り立つ．また，すべての状態が規格化されているためには，

$$\langle \Psi_n | \Psi_n \rangle = \langle \Psi_{n-1} | \Psi_{n-1} \rangle = 1 \tag{8.37}$$

が成り立つ必要がある．

したがって(8.35), (8.36), (8.37)より，N_n, N_{n-1} を正の実数に限定すると

$$N_n = \frac{1}{\sqrt{n}} N_{n-1} \tag{8.38}$$

を得る．(8.30)において $N_0 = 1$ であり，(8.38)より $N_1 = (1/\sqrt{1})N_0 = 1$，$N_2 = (1/\sqrt{2})N_1 = 1/\sqrt{2}$，… となるので，結局，規格化因子は

$$N_n = \frac{1}{\sqrt{n!}} \quad (n = 0, 1, 2, \cdots) \tag{8.39}$$

と書ける．よって，規格化された波動関数は $a^\dagger$ を用いて

$$\Psi_n = \frac{1}{\sqrt{n!}} (a^\dagger)^n \Psi_0 \tag{8.40}$$

と表現される．

なお，(8.34)および(8.38)より

$$a\Psi_n = n \frac{N_n}{N_{n-1}} \Psi_{n-1} = n \frac{1}{\sqrt{n}} \Psi_{n-1} = \sqrt{n} \, \Psi_{n-1} \tag{8.41}$$

となる．また，

$$a^\dagger \Psi_n = a^\dagger N_n (a^\dagger)^n \Psi_0 = \frac{N_n}{N_{n+1}} N_{n+1} (a^\dagger)^{n+1} \Psi_0 = \sqrt{n+1} \, \Psi_{n+1} \tag{8.42}$$

となる．これらから再び以下が得られる．

$$a^\dagger a \Psi_n = \sqrt{n} \, a^\dagger \Psi_{n-1} = n \Psi_n \tag{8.43}$$

8.3.3 演算子 $a^\dagger$ と a の意味

(8.23)および(8.24)よりわかるように，$a^\dagger$ はエネルギー固有値を $\hbar\omega$ だけ大きくし，a は $\hbar\omega$ だけ小さくするはたらきがある．これは $\hbar\omega$ を単位として，エネルギーが数えられることを意味している．すると，$a^\dagger$ はエネルギーが $\hbar\omega$ の**粒子**（particle）を1個生成するはたらきを持つと解釈でき，その意味で**生成演算子**（creation operator）とよばれる．

同様に，a は**消滅演算子**（annihilation operator）とよばれる．また，(8.43) からわかるように，$a^\dagger a$ はエネルギーが $\hbar\omega$ の粒子の数を表示するので，**数演算子**（number operator）とよばれる．

ここで用いた方法は第4章で示した方法と見かけは異なるが，実はまったく同じことをしているに過ぎない．事実，この方法でエネルギー固有値が求まる．また基底状態がわかっているとき，(8.40)中の $a^\dagger$ に対して(8.18)および $\hat{p} = -i\hbar(\partial/\partial x)$ を用いれば，微分を繰り返すことにより Ψ_n を計算することもできる．さらに，$a^\dagger$ および a が，生成消滅演算子であることを考えれば，振動を**準粒子**（quasiparticle）として取り扱うという新しい解釈も成り立つことになる．

ところで，固体中のイオンの格子振動は平衡点近傍での調和振動と見なすことができる．その際，先ほど述べた準粒子は phonon とよばれる．これは phone + on から生まれた造語であり，音波と類似性のある格子振動を量子化したものである．

8.4 観測問題

ディラックは名著 *The Principles of Quantum Mechanics* の中で，"観測可能量の固有値は実数でなければならない" と述べている．もし固有値が複素数で実部と虚部が存在するのなら，1つの物理量を測定するのに2回の測定が必要となる．しかし，量子力学では2回の測定は互いに干渉してしまう．そのため，固有値は実数でなければならない．これが成り立つためには，量子力学において観測可能量がエルミート演算子として表現されれば良い．この場合，固有値は実数となり，異なる固有値に属する固有関数は直交する．

またディラックは，"観測可能な力学変数はその固有状態が完全な組を作る" という意味のことも述べ，このような力学変数を**オブザーバブル**（observable）と名づけた．この場合，オブザーバブルの固有関数の集合 $\{u_n\}$ は

8.4 観測問題

完全規格直交系（complete orthonormal set）をなし，これを用いれば，任意の状態$|\phi\rangle$は

$$|\phi\rangle = \sum_m c_m |u_m\rangle \tag{8.44}$$

のように展開できる．

この際の展開係数は，

$$\langle u_n|\phi\rangle = \langle u_n|\sum_m c_m|u_m\rangle = \sum_m c_m\langle u_n|u_m\rangle = \sum_m c_m\delta_{nm} = c_n \tag{8.45}$$

のようにして求まる（付録 E 参照）．このように求まった展開係数を元の展開式に代入すると

$$|\phi\rangle = \sum_m \langle u_m|\phi\rangle|u_m\rangle = \sum_m |u_m\rangle\langle u_m|\phi\rangle \tag{8.46}$$

となる．よって，ここで矛盾が起きないためには

$$\sum_m |u_m\rangle\langle u_m| = 1 \tag{8.47}$$

でなければならないことがわかる．これが$\{u_n\}$が完全系をなす条件である．

著者が学生の頃このような表現を初めて見て，極めて奇妙な感じがしたのを思い出す．ディラック表現で，$\langle f|g\rangle$の形は単に積分をあらわに書くのを省略した程度とも思えたが，$|f\rangle\langle g|$となるといったいどうなっているのか，にわかに理解できなかったことを思い出す．詳しくは今後数ある名著[3]を読んでもらうこととし，今は，積分演算子とでも解釈しておいていただきたい．

さて，オブザーバブル$\widehat{A}$に関する固有値方程式が

$$\widehat{A}|u_n\rangle = a_n|u_n\rangle \quad (n = 1, 2, \cdots) \tag{8.48}$$

と書けるとき，任意の状態$|\phi\rangle$は(8.44)のように$|u_m\rangle$で展開できる．よって，$\widehat{A}$を観測した際の量子力学的期待値は

$$\langle\widehat{A}\rangle = \frac{\langle\phi|\widehat{A}|\phi\rangle}{\langle\phi|\phi\rangle} = \frac{\sum_n\sum_m c_n^* c_m \langle u_n|\widehat{A}|u_m\rangle}{\sum_n\sum_m c_n^* c_m \langle u_n|u_m\rangle} = \frac{\sum_n\sum_m c_n^* c_m a_m \delta_{nm}}{\sum_n\sum_m c_n^* c_m \delta_{nm}}$$

---

[3] シッフ (Schiff) 著，井上 健訳：「新版 量子力学（上），（下）」（吉岡書店）を推薦しておきたい．

$$= \frac{\sum_n a_n |c_n|^2}{\sum_m |c_m|^2} = \sum_n a_n \left(\frac{|c_n|^2}{\sum_m |c_m|^2} \right) \tag{8.49}$$

のように書ける[4]．ここで，$|c_n|^2/\sum_m |c_m|^2$ は測定値 a_n が得られる絶対確率を示す．

すなわち，$\langle \widehat{A} \rangle$ は a_n にそれが起こる確率を掛けて平均を取ったものであるといえる．これは極めて多数回の測定をすることによって得られた平均値と一致する．

なお，1回の測定で a_k という測定結果が得られた場合，瞬間的に状態は(8.44)のような重ね合わせの状態から u_k そのものに変化してしまう．これを波束の収縮（reduction of wave packet）とよぶ．このとき(8.49)において $c_n = \delta_{nk}$ となる．

8.5 運動の恒量

オブザーバブル $\widehat{A}$ の量子力学的期待値の時間微分は，

$$\frac{d}{dt}\langle \widehat{A} \rangle = \frac{d}{dt}\langle \phi | \widehat{A} | \phi \rangle = \left\langle \frac{d\phi}{dt} \middle| \widehat{A} \middle| \phi \right\rangle + \left\langle \phi \middle| \frac{d\widehat{A}}{dt} \middle| \phi \right\rangle + \left\langle \phi \middle| \widehat{A} \middle| \frac{d\phi}{dt} \right\rangle \tag{8.50}$$

と書ける．ただし，波動関数 ϕ が規格化されているものとする．ここで

$$\mathcal{H}\phi = i\hbar \frac{\partial \phi}{\partial t}, \qquad (\mathcal{H}\phi)^* = -i\hbar \frac{\partial \phi^*}{\partial t} \tag{8.51}$$

であるので

$$\frac{d}{dt}\langle \widehat{A} \rangle = -\frac{1}{i\hbar}\langle \mathcal{H}\phi | \widehat{A} | \phi \rangle + \left\langle \phi \middle| \frac{\partial \widehat{A}}{\partial t} \middle| \phi \right\rangle + \frac{1}{i\hbar}\langle \phi | \widehat{A} | \mathcal{H}\phi \rangle \tag{8.52}$$

と書ける．さらに $\mathcal{H}$ が，$\langle \mathcal{H}\phi | \widehat{A} | \phi \rangle = \langle \phi | \mathcal{H}\widehat{A} | \phi \rangle$ を満たすことを考慮す

---

[4] $\langle \widehat{A} \rangle$ はディラック表記と似ているが，それとは異なる．この分野では伝統的に平均値をこのように表記する．

ると，

$$\frac{d}{dt}\langle \widehat{A}\rangle = \frac{1}{i\hbar}\langle \phi|[\widehat{A},\mathcal{H}]|\phi\rangle + \left\langle \phi\left|\frac{\partial \widehat{A}}{\partial t}\right|\phi\right\rangle \quad (8.53)$$

と書ける．したがって，$[\mathcal{H},\widehat{A}]=0$ および $\partial \widehat{A}/\partial t=0$ が成り立てば $(d/dt)\langle \widehat{A}\rangle =0$ となる．このとき，$\widehat{A}$ は運動の恒量（constant of motion）であるという．すなわち，$\widehat{A}$ があらわに時間に依存せず，かつ $\mathcal{H}$ と交換可能であるならば，$\widehat{A}$ は運動の恒量であり，その期待値は時間に依存せずに一定である．

例えば，$(d/dt)\langle \mathcal{H}\rangle$ を例に挙げると，$[\mathcal{H},\mathcal{H}]=0$ であるので，ポテンシャルの時間依存性がなく $\mathcal{H}$ が時間をあらわに含まないとき $(d/dt)\langle \mathcal{H}\rangle=0$ となる．すなわち $\mathcal{H}$ は運動の恒量である．これは量子力学におけるエネルギー保存則に相当する．

◀**例題 16**▶ $(\partial/\partial t)\langle x\rangle = (1/m)\langle p_x\rangle$ を証明せよ．

解答 位置 x に (8.53) を適用すると

$$\frac{\partial}{\partial t}\langle x\rangle = \frac{1}{i\hbar}\langle [x,\mathcal{H}]\rangle + \left\langle \frac{\partial x}{\partial t}\right\rangle$$

となる．まず，x は時間にあらわに依存していないので，$(\partial x/\partial t)=0$ である．また

$$[x,\mathcal{H}]\phi = \left[x, -\frac{\hbar^2}{2m}\frac{d^2}{dx^2} + V(x)\right]\phi = -\frac{\hbar^2}{2m}\left\{x\frac{d^2\phi}{dx^2} - \frac{d^2}{dx^2}(x\phi)\right\}$$

$$= \frac{\hbar^2}{m}\frac{d\phi}{dx}$$

であり，$\hat{p}_x = -i\hbar(\partial/\partial x)$ を用いると $[x,\mathcal{H}] = (i\hbar/m)\hat{p}_x$ である．したがって

$$\frac{\partial}{\partial t}\langle x\rangle = \frac{1}{m}\langle \hat{p}_x\rangle$$

となる．これは，古典力学における $m(dx/dt) = p_x$ と類似の形をしている．すなわち，量子力学で演算子となった力学量も，期待値を取ると古典力学と類似の関係式を満たす．

◀**例題 17**▶ $(\partial/\partial t)\langle \hat{p}_x\rangle = -\langle \partial V/\partial x\rangle$ を証明せよ．

解答 前問と同様の計算を $\hat{p}_x$ についても行うと，

8. 一般論

$$[\hat{p}_x, \mathcal{H}]\phi = \left[-i\hbar\frac{\partial}{\partial x}, -\frac{\hbar^2}{2m}\frac{\partial^2}{\partial x^2} + V\right]\phi = -i\hbar\left\{\frac{\partial}{\partial x}(V\phi) - V\frac{\partial \phi}{\partial x}\right\}$$

$$= -i\hbar\frac{\partial V}{\partial x}\phi$$

となる.ここで,$\hat{p}_x$ はあらわに時間に依存しないので

$$\frac{\partial}{\partial t}\langle \hat{p}_x \rangle = -\left\langle \frac{\partial V}{\partial x}\right\rangle$$

となる.この式も,古典力学における $F_x = dp_x/dt = -dV/dx$ と類似の形をしている.この場合も,量子力学的演算子の期待値を取ると,古典力学と類似の関係式を満たす.

以上のような一致のことを,**エーレンフェスト**(Ehrenfest)**の定理**とよぶ.量子力学においては,位置や運動量は本質的に不確かさを含んでいることを以前に述べた.これは古典力学との著しい違いである.しかし量子力学的期待値を取って時間微分をすると,古典力学と類似の式が得られる.これが,エーレンフェストの定理である.

第 8 章のポイント確認

1. 演算子の交換関係と,同時固有関数や不確定性原理の関係について理解できた.
2. 1 次元調和振動子を演算子法により解く方法について理解できた.
3. 観測問題や運動の恒量について理解できた.

9

角運動量

　角運動量（angular momentum）は，古典力学において重要な役割を果たすのと同様に，量子力学においても重要な役割を果たす．

　例えば，ボーアの水素原子モデルにおいては，安定軌道上の電子の角運動量が $\hbar$ の整数倍になると仮定された．また，シュレディンガーの理論でもハミルトニアンの中に軌道角運動量に相当する演算子が含まれていた．そのことを踏まえ，ここでは角運動量の量子力学的取り扱いについて述べる．

【学習目標】 軌道角運動量の量子力学的取り扱いと，その性質について理解する．
【Keywords】 軌道角運動量，交換関係，同時固有関数，上昇演算子，下降演算子，方向量子化，正常ゼーマン効果，磁気モーメント

9.1　軌道角運動量

　古典力学では，位置 r，運動量 p に対し角運動量を $r \times p$ で定義する．ここではまず，軌道角運動量の量子力学的表現および，その性質について解説する．

9.1.1　軌道角運動量演算子

　古典力学において角運動量は，位置 r と運動量 p の外積により

9. 角運動量

$$l = r \times p = \begin{vmatrix} i & j & k \\ x & y & z \\ p_x & p_y & p_z \end{vmatrix} \tag{9.1}$$

と書け，各成分は

$$\left. \begin{array}{l} l_x = yp_z - zp_y \\ l_y = zp_x - xp_z \\ l_z = xp_y - yp_x \end{array} \right\} \tag{9.2}$$

と表される．

前にも述べたように，これを量子力学における角運動量演算子に変換するには，$p \to -i\hbar \nabla$ と変換すれば良いので，

$$l = r \times p = \begin{vmatrix} i & j & k \\ x & y & z \\ -i\hbar \dfrac{\partial}{\partial x} & -i\hbar \dfrac{\partial}{\partial y} & -i\hbar \dfrac{\partial}{\partial z} \end{vmatrix} \tag{9.3}$$

と書ける．

したがって，各成分は

$$\left. \begin{array}{l} \hat{l}_x = -i\hbar \left(y \dfrac{\partial}{\partial z} - z \dfrac{\partial}{\partial y} \right) \\ \hat{l}_y = -i\hbar \left(z \dfrac{\partial}{\partial x} - x \dfrac{\partial}{\partial z} \right) \\ \hat{l}_z = -i\hbar \left(x \dfrac{\partial}{\partial y} - y \dfrac{\partial}{\partial x} \right) \end{array} \right\} \tag{9.4}$$

のような微分演算子となる．これらは，粒子の軌道運動に伴って生じた角運動量を示す演算子ベクトルの各成分である．(9.4)は，第2章において，シュレディンガー方程式を導出した際使った変換を用いて得られていた式である．このように，シュレディンガー方程式と矛盾しないように理論が構築されていく．

さらに，これらを極座標表示すると

$$\left.\begin{array}{c}\hat{l}_x = i\hbar\left(\sin\phi\,\dfrac{\partial}{\partial\theta} + \cot\theta\cos\phi\,\dfrac{\partial}{\partial\phi}\right)\\[4pt]\hat{l}_y = i\hbar\left(-\cos\phi\,\dfrac{\partial}{\partial\theta} + \cot\theta\sin\phi\,\dfrac{\partial}{\partial\phi}\right)\\[4pt]\hat{l}_z = -i\hbar\,\dfrac{\partial}{\partial\phi}\end{array}\right\} \qquad (9.5)$$

となる．なお，(9.4)，(9.5)よりわかるように，角運動量の単位は $\hbar$ と同じである[1]．

また，(9.5)より

$$\hat{\boldsymbol{l}}^2 = \hat{l}_x^2 + \hat{l}_y^2 + \hat{l}_z^2 = -\hbar^2\left\{\frac{1}{\sin\theta}\frac{\partial}{\partial\theta}\left(\sin\theta\,\frac{\partial}{\partial\theta}\right) + \frac{1}{\sin^2\theta}\frac{\partial^2}{\partial\phi^2}\right\} \qquad (9.6)$$

を導ける．この表現は，(5.2)に示した ∇^2 の極座標表示の一部分と同じであり，そのことが後々重要な役割を果たす．

◀**問題35**▶ (9.5)を導出せよ．

◀**問題36**▶ (9.6)を導出せよ．

9.1.2 交換関係

ここで，(9.6)と(5.5)を比較し，$C_1 = l(l+1)$ であったことを思い出すと

$$\hat{\boldsymbol{l}}^2 Y_l^m(\theta,\phi) = l(l+1)\hbar^2\, Y_l^m(\theta,\phi) \qquad (9.7)$$

であることがわかる．また，(5.6)，(5.10)および(9.5)より

$$\hat{l}_z Y_l^m(\theta,\phi) = m\hbar\, Y_l^m(\theta,\phi) \qquad (9.8)$$

もわかる．これは，$\hat{\boldsymbol{l}}^2$ と $\hat{l}_z$ が同時固有関数を持つことを意味するので，両者は交換するはずである．以下でそれを確かめてみる．

ここで，運動量の各成分と，位置座標 (x,y,z) の交換関係について整理し

---

[1] プランク定数の単位が角運動量と同じであることは，次のようにしてわかる．J・s = (kg・m²/s²)s = m × kg × m/s.

ておく．まず，(8.7)と同様に

$$[x, \hat{p}_x] = [y, \hat{p}_y] = [z, \hat{p}_z] = i\hbar \tag{9.9}$$

が成り立つ．また，

$$[x, \hat{p}_y] = [x, \hat{p}_z] = [y, \hat{p}_x] = [y, \hat{p}_z] = [z, \hat{p}_x] = [z, \hat{p}_y] = 0 \tag{9.10}$$

も自明である．

これらを用いると

$$[\hat{l}_x, \hat{l}_y] = i\hbar \hat{l}_z \tag{9.11}$$

$$[\hat{l}_y, \hat{l}_z] = i\hbar \hat{l}_x \tag{9.12}$$

$$[\hat{l}_z, \hat{l}_x] = i\hbar \hat{l}_y \tag{9.13}$$

が得られる．(9.11)，(9.12)，(9.13)を見ると，これらは**循環構造**（cyclic structure）を持っていることがわかる．すなわち，式の左側から右側へ掛けて現れる $\hat{l}$ の添え字が，$x \to y \to z \to x \to y \to \cdots$ のように循環している．もしも逆回りをすると，右辺にマイナスがつく．

これより，以下が成り立つことがわかる．

$$[\hat{\boldsymbol{l}}^2, \hat{l}_z] = 0 \tag{9.14}$$

$$[\hat{\boldsymbol{l}}^2, \hat{l}_x] = 0 \tag{9.15}$$

$$[\hat{\boldsymbol{l}}^2, \hat{l}_y] = 0 \tag{9.16}$$

ところで，(9.14)，(9.15)，(9.16)を見ると，$\hat{\boldsymbol{l}}^2$ と $\hat{l}_x, \hat{l}_y, \hat{l}_z$ が同時固有関数を持つように見える．しかし，(9.11)，(9.12)，(9.13)を見ると $\hat{l}_x, \hat{l}_y, \hat{l}_z$ は，お互いに交換しないので，同時固有関数を持てない．つまり $\hat{l}_x, \hat{l}_y, \hat{l}_z$ のうちのどれか一つのみと，$\hat{\boldsymbol{l}}^2$ が同時固有関数を持つことにせざるを得ない．通常は，$\hat{\boldsymbol{l}}^2$ と $\hat{l}_z$ が同時固有関数を持つように理論を作ることになる[2]．

◀ **例題18** ▶ (9.11)を証明せよ．

解答 (9.2)，(9.10)〜(9.13)より，以下のように計算できる．

---

2) $\hat{\boldsymbol{l}}^2$ の相手として $\hat{l}_z$ を選ばなくても他の2つでも理論を構成できるが，通常は $\hat{l}_z$ が選ばれる．

$$[\hat{l}_x, \hat{l}_y] = [y\hat{p}_z - z\hat{p}_y, z\hat{p}_x - x\hat{p}_z]$$
$$= [y\hat{p}_z, z\hat{p}_x] - [y\hat{p}_z, x\hat{p}_z] - [z\hat{p}_y, z\hat{p}_x] + [z\hat{p}_y, x\hat{p}_z]$$
$$= y[\hat{p}_z, z]\hat{p}_x + x[z, \hat{p}_z]\hat{p}_y = -yi\hbar\hat{p}_x + xi\hbar\hat{p}_y = i\hbar\hat{l}_z$$

ただし，2段目から3段目に移る際，以下のように計算を行った．

$$[y\hat{p}_z, z\hat{p}_x] = y[\hat{p}_z, z\hat{p}_x] + [y, z\hat{p}_x]\hat{p}_z$$
$$= y\{z[\hat{p}_z, \hat{p}_x] + [\hat{p}_z, z]\hat{p}_x\} + \{z[y, \hat{p}_x] + [y, z]\hat{p}_x\}\hat{p}_z$$
$$= y[\hat{p}_z, z]\hat{p}_x$$

その他の項も同様に計算できる．

◀例題 19▶ (9.14)を証明せよ．

解答 $[A^2, B] = A[A, B] + [A, B]A$ を用いて，以下のように計算できる．

$$[\hat{\boldsymbol{l}}^2, \hat{l}_z] = [\hat{l}_x^2 + \hat{l}_y^2 + \hat{l}_z^2, \hat{l}_z] = [\hat{l}_x^2, \hat{l}_z] + [\hat{l}_y^2, \hat{l}_z]$$
$$= \hat{l}_x[\hat{l}_x, \hat{l}_z] + [\hat{l}_x, \hat{l}_z]\hat{l}_x + \hat{l}_y[\hat{l}_y, \hat{l}_z] + [\hat{l}_y, \hat{l}_z]\hat{l}_y$$
$$= i\hbar(-\hat{l}_x\hat{l}_y - \hat{l}_y\hat{l}_x + \hat{l}_y\hat{l}_x + \hat{l}_x\hat{l}_y) = 0$$

9.1.3 上昇・下降演算子

次に，新しい演算子

$$\hat{l}_\pm = \hat{l}_x \pm i\hat{l}_y \tag{9.17}$$

を定義すると

$$[\hat{l}_z, \hat{l}_\pm] = [\hat{l}_z, \hat{l}_x] \pm i[\hat{l}_z, \hat{l}_y] = i\hbar\hat{l}_y \pm i(-i\hbar\hat{l}_x) = \pm\hbar\hat{l}_\pm \tag{9.18}$$

となり

$$\hat{l}_z\hat{l}_\pm = \hat{l}_\pm\hat{l}_z \pm \hbar\hat{l}_\pm = \hat{l}_\pm(\hat{l}_z \pm \hbar) \tag{9.19}$$

が成り立つことがわかる．したがって，(9.19)および(9.8)より

$$\hat{l}_z\hat{l}_\pm Y_l^m = (m \pm 1)\hbar\hat{l}_\pm Y_l^m \tag{9.20}$$

を得る．これは，$\hat{l}_\pm$ を Y_l^m に作用させることにより，軌道角運動量の z 成分が $\pm\hbar$ だけ変化することを意味する．そこで，$\hat{l}_+$ を**上昇演算子**，$\hat{l}_-$ を**下降演算子**とよぶ．

以上より，$\hat{l}_\pm Y_l^m$ は次のようになると考えられる．

$$\hat{l}_\pm Y_l^m = C_{lm} Y_l^{m\pm 1} \tag{9.21}$$

このとき，係数 C_{lm} は付録 F に示す方法で決定でき，

$$\hat{l}_\pm Y_l^m = \hbar\sqrt{(l \mp m)(l \pm m + 1)}\, Y_l^{m\pm 1} \tag{9.22}$$

のように表せる．なお，これによれば

$$\hat{l}_+ Y_l^l = 0, \quad \hat{l}_- Y_l^{-l} = 0 \tag{9.23}$$

であり，$\hat{l}_\pm$ を用いて Y_l^{l+1} や Y_l^{-l-1} を作ろうとしても，結果はゼロとなり，$l \geq |m|$ が保障されていることがわかる．

9.2 軌道角運動量と水素様原子

ここでは，第 5 章で示した内容を，前節で示した軌道角運動量を踏まえて再考する．水素様原子の周りの電子に関するハミルトニアンは，(5.1)，(5.2)および(9.6)によれば角運動量演算子 $\hat{\boldsymbol{l}}$ を用いて

$$\mathcal{H} = -\frac{\hbar^2}{2m_e}\left\{\frac{1}{r^2}\frac{\partial}{\partial r}\left(r^2\frac{\partial}{\partial r}\right) - \frac{1}{\hbar^2 r^2}\hat{\boldsymbol{l}}^2\right\} - \frac{Ze^2}{4\pi\varepsilon_0 r} \tag{9.24}$$

と書ける．ここで右辺第 1 項は運動エネルギーを表し，その角度依存性はすべて $\hat{\boldsymbol{l}}^2$ の部分に集中している．また，右辺第 2 項はクーロンポテンシャルを表し，角度依存性がない中心力ポテンシャルである．

このとき，シュレディンガー方程式

$$\mathcal{H}\Psi = E\Psi \tag{9.25}$$

の解は

$$\Psi_{nlm}(r, \theta, \phi) = R_{nl}(r)\, Y_l^m(\theta, \phi) \tag{9.26}$$

と書ける．ここで，球面調和関数 $Y_l^m(\theta, \phi)$ は第 5 章に示したことに加え，角運動量演算子を作用させると(9.7)および(9.8)のような性質を持つ．

よって，シュレディンガー方程式は

$$\left[-\frac{\hbar^2}{2m_\mathrm{e}}\left\{\frac{1}{r^2}\frac{\partial}{\partial r}\left(r^2\frac{\partial}{\partial r}\right)-\frac{l(l+1)}{\hbar^2 r^2}\right\}-\frac{Ze^2}{4\pi\varepsilon_0 r}\right]R_n(r)Y_l^m(\theta,\phi)$$
$$= E_n R_n(r) Y_l^m(\theta,\phi) \qquad (9.27)$$

となり，両辺を $Y_l^m(\theta,\phi)$ で割れば(5.30)を得る．第5章ではずいぶん複雑なプロセスを経て話を進めたが，(9.24)に示したようにハミルトニアンが $\hat{l}^2$ を含むこと，および球面調和関数が $\hat{l}^2$ の固有関数であることを用いれば，(5.30)が簡単に得られることになる．

また，(9.14)，(9.15)および(9.16)より，(9.24)で表されるようなハミルトニアンと角運動量の交換関係は，

$$[\hat{l}_x, \mathcal{H}] = [\hat{l}_y, \mathcal{H}] = [\hat{l}_z, \mathcal{H}] = 0 \qquad (9.28)$$
$$[\hat{l}^2, \mathcal{H}] = 0 \qquad (9.29)$$

となり，$\hat{l}_x$, $\hat{l}_y$, $\hat{l}_z$ および $\hat{l}^2$ は運動の恒量であることがわかる．

9.3 軌道角運動量の方向量子化

$\hat{l}^2$ と $\hat{l}_z$ は可換であり，同時固有関数 Y_l^m を持つ．そして，その固有値はそれぞれ $l(l+1)\hbar^2$ および $m\hbar$ である．これに対し，$\hat{l}_x$ と $\hat{l}_y$ は $\hat{l}_z$ と交換しないので，Y_l^m は固有関数とならない．そこで，$\hat{l}_x, \hat{l}_y, \hat{l}_z$ の量子力学的期待値を取ると

$$\left.\begin{array}{l}\langle \hat{l}_x \rangle = \langle R_n Y_l^m | \hat{l}_x | R_n Y_l^m \rangle = 0 \\ \langle \hat{l}_y \rangle = \langle R_n Y_l^m | \hat{l}_y | R_n Y_l^m \rangle = 0 \\ \langle \hat{l}_z \rangle = \langle R_n Y_l^m | \hat{l}_z | R_n Y_l^m \rangle = m\hbar\end{array}\right\} \qquad (9.30)$$

のようになる（付録F参照）．

これより，l を測定すると，その先端は図9.1のような円錐底面における円周上において，すべての位置に均等な確率で見出されることがわかる．

また，m は $-l \leq m \leq l$ の範囲の整数であるので，l の大きさのみならず方向も量子化されていることになる．すなわち，図9.1に示した円錐の開き

124   9. 角運動量

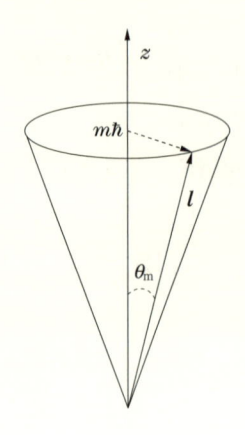

図 9.1 軌道角運動量ベクトルとその z 成分

具合は離散的である．これを軌道角運動量の**方向量子化**（directional quantization）とよぶ．

ここで，ベクトル $\boldsymbol{l}$ と z 軸のなす角を θ_m とするとき，

$$\cos \theta_m = \frac{m}{\sqrt{l(l+1)}} \tag{9.31}$$

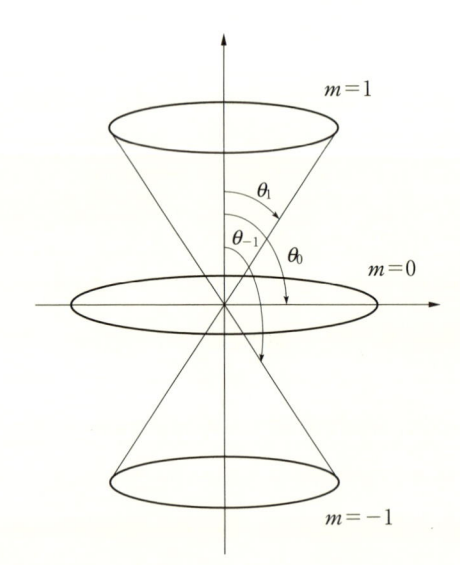

図 9.2 軌道角運動量 $(l=1)$ の方向量子化

と書ける．例えば，$l = 1$ のとき

$$\cos\theta_{-1} = -\frac{1}{\sqrt{2}}, \quad \cos\theta_0 = 0, \quad \cos\theta_1 = \frac{1}{\sqrt{2}}$$

である．すなわち，$\theta_{-1} = 3\pi/4$，$\theta_0 = \pi/2$，$\theta_1 = \pi/4$ のように方向量子化が起こる．この様子を図 9.2 に示す．

9.4 正常ゼーマン効果

電子の軌道運動は，円電流と解釈できる．また，円電流は磁気双極子と等価である．これらのことより，電子の軌道運動によって発生する角運動量と磁気モーメントは平行であることが証明できる．この節では，そのことを踏まえ，磁場中での電子の軌道運動について考察する．

9.4.1 電子の軌道運動と磁気モーメント

半径 a の円電流 I は，磁気モーメント $\mu_l = \mu_0 I \pi a^2 \hat{d}$ を持った磁気双極子と等価である（付録 G, H 参照）．この現象の概念図を図 9.3 に示す．ここで，$\hat{d}$ はマイナスの磁荷からプラスの磁荷に向かう単位ベクトルであり，電流に対しては右ねじ方向に当たる．電子は負電荷を帯びており，電流の方向と電子の運動する方向は逆方向である．

したがって，電子の角運動量 $\boldsymbol{l} = \boldsymbol{r} \times \boldsymbol{p}$ と $\hat{d}$ は反平行であり $\hat{d} = -\boldsymbol{r} \times \boldsymbol{p}/|\boldsymbol{r} \times \boldsymbol{p}|$ が成り立つ．よって

$$\mu_l = -\mu_0 I \pi a^2 \frac{\boldsymbol{r} \times \boldsymbol{p}}{|\boldsymbol{r} \times \boldsymbol{p}|} \quad (9.32)$$

と書ける．ところで，電流は電

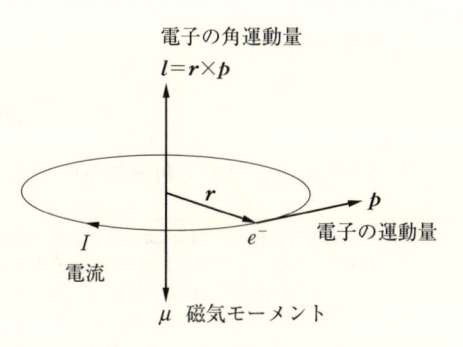

図 9.3 円電流の作る磁気モーメント

9. 角運動量

流密度より求まる．そして，電流密度ベクトルは電子数密度を n としたとき，$\boldsymbol{i} = -en\boldsymbol{v} = -en(\boldsymbol{p}/m_\mathrm{e})$ で表される．そこで，電子は円軌道上に1個存在し，電流経路の断面積を S とすると $n = 1/2\pi aS$ である[3]．よって，

$$I = |S\boldsymbol{i}| = \left| S\left(-e\,\frac{1}{2\pi aS}\,\frac{\boldsymbol{p}}{m_\mathrm{e}}\right)\right| = \frac{ep}{2\pi am_\mathrm{e}} \tag{9.33}$$

が成り立つ．また，半径 a の円軌道の場合は $\boldsymbol{r}$ と $\boldsymbol{p}$ が直交するので $|\boldsymbol{r} \times \boldsymbol{p}| = ap$ である．

これらを(9.32)に代入すると，円電流が持つ磁気モーメントと電子の軌道角運動量の関係は

$$\boldsymbol{\mu}_l = -\mu_0 \frac{e}{2m_\mathrm{e}}\,\boldsymbol{l} = -\mu_\mathrm{B}\,\frac{\boldsymbol{l}}{\hbar} \tag{9.34}$$

と表せる．

ここで μ_B は**ボーア磁子**（Bohr magneton）とよばれ，

$$\mu_\mathrm{B} = \frac{\mu_0 e\hbar}{2m_\mathrm{e}} \tag{9.35}$$

で表される[4]．この値は，物理定数より計算でき $\mu_\mathrm{B}/\mu_0 \approx 9.274 \times 10^{-24}$ J/T である[5]．このボーア磁子は，電子の軌道角運動量とそれが作り出す磁気モーメントを結ぶ比例定数と解釈できる．なお(9.34)において $\hbar$ が出てきているが，これは μ_B を用いたために出てきたものである．したがって，(9.34)において $\boldsymbol{l} = \boldsymbol{r} \times \boldsymbol{p}$ としている限り古典力学的取り扱いといえる．

ところで，$\boldsymbol{\mu}_l$ は

$$\boldsymbol{\mu}_l = -g_l \mu_\mathrm{B}\,\frac{\boldsymbol{l}}{\hbar} \tag{9.36}$$

とも書かれる．g_l は軌道角運動量の g 因子とよばれ，

---

3) $2\pi aS$ は断面積 S，周長 $2\pi a$ のドーナッツ状導体の体積を表す．
4) $l/\hbar$ は無次元量なので，ボーア磁子の単位は磁気モーメントの単位と同じである．よって，SI単位系において Wb・m で表される．
5) T は磁束密度の単位であり，テスラと読む．磁束の単位 Wb（ウェーバー）を用いると，T = Wb/m^2 とも表される．なお，電磁誘導の法則からもわかるように，Wb = V・s である．したがって，T = V・s/m^2 でもある．

$$g_l = 1 \tag{9.37}$$

である．(9.36)のような磁気モーメントが磁場中に置かれたとき，古典力学を用いると，磁気モーメントは磁場の方向を回転軸として歳差運動（precession）をしていることがわかる（付録 I 参照）．このように表される μ_l を量子力学的に取り扱うためには，角運動量の部分を $\boldsymbol{l} = \boldsymbol{r} \times \boldsymbol{p} \to -i\hbar \boldsymbol{r} \times \nabla$ とおきかえる．

9.4.2 磁場中の磁気モーメント

磁気モーメント μ_l に磁場 $\boldsymbol{H}$ を印加すると

$$V_B = -\boldsymbol{\mu}_l \cdot \boldsymbol{H} \tag{9.38}$$

なるポテンシャルが発生する[6]（付録 J, K 参照）．そこで磁場の方向を z 方向とし，(9.34)を用いると，このポテンシャルは

$$\widehat{V}_B = \frac{\mu_B}{\hbar} H_z \hat{l}_z = \frac{\mu_B}{\mu_0 \hbar} B_z \hat{l}_z \tag{9.39}$$

となる．ここで $\hat{l}_z$ は角運動量の z 成分であり，量子力学的には，(9.4)または(9.5)によって表される微分演算子である．また，$B_z = \mu_0 H_z$ は磁束密度の z 成分である．

よって，演算子 $\widehat{V}_B$ を水素様原子に束縛された電子の波動関数 $R_{nl} Y_l^m$ に作用させると，(9.39)および(9.8)により以下のようになる．

$$\widehat{V}_B R_n(r) Y_l^m(\theta, \phi) = \frac{\mu_B}{\mu_0} B_z m R_n(r) Y_l^m(\theta, \phi) \tag{9.40}$$

すなわち，$R_n(r) Y_l^m(\theta, \phi)$ は $\mathcal{H}_0$ と $\widehat{V}_B$ の同時固有関数である．

そこで，9.2 節の水素様原子に磁場が印加された場合を考える．この場合，電子軌道により生じた磁気モーメントに磁場が加わることになり，クーロンポテンシャルに(9.39)が追加されることになる．したがって，(9.40)を考慮

---

[6] 電磁気学では μ_l/μ_0 のことを磁気モーメントと定義することもある．この場合，μ_l/μ_0 を改めて μ_l とおく．すると(9.38)は $V = -\boldsymbol{\mu}_l \cdot \boldsymbol{B}$ となり，ボーア磁子は $\mu_B = e\hbar/2m_e$ となる．また，半径 a の円電流 I は磁気モーメント $\mu_l = I\pi a^2 \tilde{\boldsymbol{d}}$ の磁気双極子に相当する．

するとシュレディンガー方程式は

$$(\mathcal{H}_0 + \hat{V}_B)\Psi_{nlm} = \left(E_n + \frac{\mu_B}{\mu_0}B_z m\right)\Psi_{nlm} \quad (9.41)$$

と書ける. ここで$\mathcal{H}_0$は$B_z = 0$のときのハミルトニアンであり,

$$\mathcal{H}_0 = -\frac{\hbar^2}{2m_e}\left\{\frac{1}{r^2}\frac{\partial}{\partial r}\left(r^2\frac{\partial}{\partial r}\right) - \frac{1}{\hbar^2}\frac{l(l+1)}{r^2}\right\} - \frac{Ze^2}{4\pi\varepsilon_0 r} \quad (9.42)$$

$$\mathcal{H}_0 \Psi_{nlm} = E_n \Psi_{nlm} \quad (9.43)$$

を満たす. また, 量子数は$n > l$, $l \geq |m|$を満たす.

(9.41)から見ると磁場が印加されたことにより, エネルギー固有値は$E_n \to E_n + (\mu_B/\mu_0)B_z m$となり, 磁気量子数$m$に依存するようになる. すなわち, 磁場により$(2l + 1)$重縮退が解けたことになる. ここで, $(\mu_B/\mu_0)B_z m$のことを**ゼーマン**(Zeeman)**エネルギー**とよび, このように縮退が解けることを**正常ゼーマン効果**(normal Zeeman effect)とよぶ. このときの準位間隔は$\Delta E = (\mu_B/\mu_0)B_z$の等間隔となる. この様子を$l = 1$の場合について図9.4に示す.

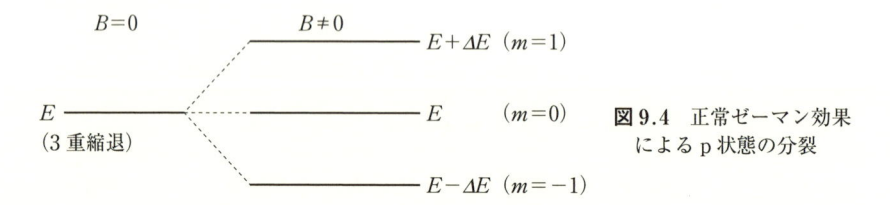

図9.4 正常ゼーマン効果によるp状態の分裂

ところで, 水素様原子の問題において, 磁場のないときのハミルトニアンを$\mathcal{H}_0$, z方向の磁場が印加されたときのハミルトニアンを$\mathcal{H} = \mathcal{H}_0 + V_B$とすると, (9.5), (9.14), (9.15), (9.16)より

$$[\mathcal{H}_0, \hat{l}_x] = [\mathcal{H}_0, \hat{l}_y] = [\mathcal{H}_0, \hat{l}_z] = 0 \quad (9.44)$$

であり, $B_z = 0$のとき, $\hat{l}_x, \hat{l}_y, \hat{l}_z$は運動の恒量である. これに対し, $B_z \neq 0$のとき, (9.11)〜(9.16)により

$$[\mathcal{H}, \hat{\boldsymbol{l}}^2] = [\mathcal{H}_0, \hat{\boldsymbol{l}}^2] - \frac{\mu_B}{\mu_0 \hbar} B_z [\hat{l}_z, \hat{\boldsymbol{l}}^2] = 0 \qquad (9.45)$$

$$[\mathcal{H}, \hat{l}_x] = -\frac{\mu_B}{\mu_0 \hbar} B_z [\hat{l}_z, \hat{l}_x] = -\frac{i\mu_B}{\mu_0} B_z \hat{l}_y \neq 0 \qquad (9.46)$$

$$[\mathcal{H}, \hat{l}_y] = -\frac{\mu_B}{\mu_0 \hbar} B_z [\hat{l}_z, \hat{l}_y] = \frac{i\mu_B}{\mu_0} B_z \hat{l}_x \neq 0 \qquad (9.47)$$

$$[\mathcal{H}, \hat{l}_z] = 0 \qquad (9.48)$$

である．

すなわち，z方向の磁場を印加した場合は$\hat{\boldsymbol{l}}^2$と$\hat{l}_z$のみが運動の恒量となり，$\hat{l}_x$と$\hat{l}_y$はならないことがわかる．

◀**問題 37**▶ 物理定数の値よりボーア磁子 μ_B/μ_0 の値を計算せよ．

第 9 章のポイント確認

1. 軌道角運動量の量子力学的表現について理解できた．
2. 水素様原子に対するシュレディンガー方程式内に現れる，軌道角運動量について理解できた．
3. 軌道角運動量の方向量子化について理解できた．
4. 正常ゼーマン効果について理解できた．

10

スピン

　1922年，**シュテルン**（Stern）と**ゲルラッハ**（Gerlach）は，電子が，軌道角運動量とは異なる未知の角運動量を持つことを実験的に明らかにした．その後，**ウーレンベック**（Uhlenbeck）と**ハウトシュミット**（Goudsmit）は，電子が自転運動していると考え，それに伴う角運動量をスピン角運動量と名づけた．

　後に，このスピンは自転というようなイメージではなく，$\pm \hbar/2$ の 2 種類の角運動量を伴った，位置座標に依存しない量と考えられるようになる．そして，軌道角運動量と同様の交換関係を満たす演算子と考えられるようになった．

【学習目標】　スピン角運動量が量子論の理論に組み込まれるきっかけとなった実験事実について理解し，その性質や本質を理解する．
【Keywords】　D 線，スピン角運動量，スピン軌道相互作用，異常ゼーマン効果

10.1　シュテルン-ゲルラッハの実験

　シュテルンとゲルラッハは炉で銀を熱して蒸発させ，スリットを通して銀原子線とし，図 10.1 のような特殊な形をした磁石の両極間を通過させる実験を行った．この磁石の x-z 平面での断面は図 10.2 のような形状をしており，不均一磁場が生じていることがわかる．

10.1 シュテルン-ゲルラッハの実験

図 10.1 シュテルン-ゲルラッハの実験装置

図 10.2 磁石の x-z 平面での断面図および磁力線の様子

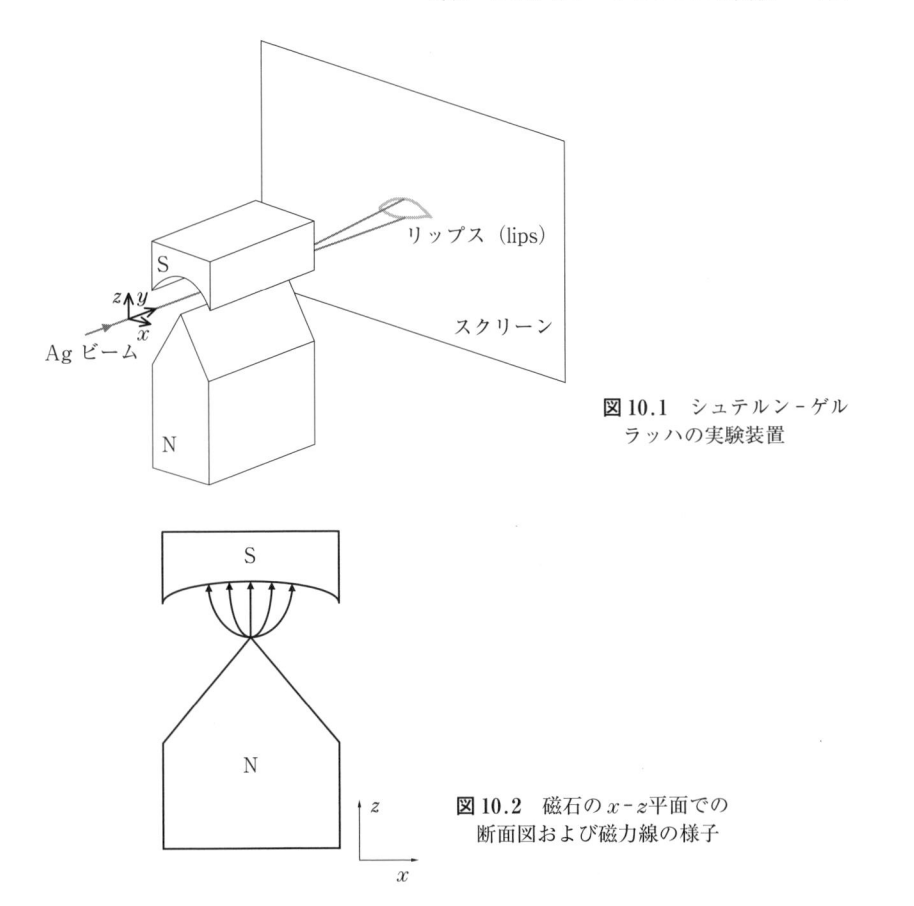

ところで，銀原子は原子番号 47 であり，以下のような電子配置を持つ[1]．

$$(1s)^2(2s)^2(2p)^6(3s)^2(3p)^6(3d)^{10}(4s)^2(4p)^6(4d)^{10}(5s)^1$$

これを見ると，最外殻の 5s 軌道以外はすべて閉殻となっている．これらに磁場が印加されても図 9.2 のような方向量子化のため，各閉殻ごとに，角運動量の総和はゼロになる．

また，最外殻軌道は $l=0$ なので，そもそも角運動量はゼロである．したがって，銀原子のビームがこの装置を通過しても分裂は起きずに 1 本のまま

---
[1] 最後の 1 つの電子は，4f 軌道ではなく 5s 軌道に入ることが知られている．

スクリーンに到達するはずである[2]. ところが実験結果は予想と異なり, 図10.1のように, スクリーン上に2本の線が現れた[3]. 彼らはその形が唇に似ていることから, これをリップス (lips) とよんだ.

このような実験結果は, 銀原子を形成する電子が軌道角運動量とは異なる未知の角運動量を持っていることを示唆している. 同様の結果はNaでも得られた. そして彼らの実験結果を解析すると, 電子の持つ未知で固有の磁気モーメントの大きさはボーア磁子と等しいことがわかった.

ところで, 軌道角運動量に由来しない未知の磁気モーメントμに不均一磁場Bが印加された場合を考えると

$$V = -\mu \cdot \frac{B}{\mu_0} \qquad (10.1)$$

なるポテンシャルが発生する. よって,

$$F = -\mathrm{grad}\, V = \frac{1}{\mu_0} \nabla (\mu \cdot B) \qquad (10.2)$$

のような力がはたらく[4].

図10.2のような形状の磁石の場合, 磁場は$B = (B_x(x,z), 0, B_z(x,z))$と書ける. すなわち, Bのy成分はゼロであり, x成分とz成分は共にx, zの関数である. したがって$\mu = (\mu_x, \mu_y, \mu_z)$とすると, 力の各成分は

$$F_x = \frac{\mu_x}{\mu_0}\frac{\partial B_x}{\partial x} + \frac{\mu_z}{\mu_0}\frac{\partial B_z}{\partial x} \qquad (10.3)$$

$$F_y = 0 \qquad (10.4)$$

$$F_z = \frac{\mu_x}{\mu_0}\frac{\partial B_x}{\partial z} + \frac{\mu_z}{\mu_0}\frac{\partial B_z}{\partial z} \qquad (10.5)$$

---

[2] ここで重要なのは, 銀がイオン化していないことである. イオン化している場合, 電荷をq, 速度をv, 磁束密度をBとすると, 粒子には**ローレンツ** (Lorentz) **力** $F = qv \times B$ がはたらくことになる. よってイオンは, この力により進行方向が曲げられてしまう. シュテルン-ゲルラッハの実験においては, この効果を取り除くために, イオン化していない銀原子を用いて実験を行う必要があった.

[3] 1922年当時は, 銀原子はp状態にあると考えられていた. その場合でも, $l = 1$なので, ビームは3本に分裂するはずであり, 実験結果はこれとも一致しなかった.

[4] $\mathrm{grad}\, V(x,y,z) = \nabla V(x,y,z) = \{i(\partial/\partial x) + j(\partial/\partial y) + k(\partial/\partial z)\} V(x,y,z)$

と書ける．

ここで，磁石の形状から考えて N 極の先端では磁力線の密度が高く，磁場が強い．また，$\partial B_z/\partial z$ は $x=0$ の辺り（図10.1参照）で大きな値を持ち，$|x|$ が大きくなるとゼロに近づく．これがリップスが形成される理由である．しかし，この時点ではこの磁気モーメントが何に起因するのかはわからなかった．

◀ **問題 38** ▶ (10.3), (10.4), (10.5) を導出せよ．

10.2 ウーレンベック - ハウトシュミットの理論

Na の電子配置は $[\mathrm{Ne}]3\mathrm{s}^1$ である．すなわち，Ne の閉殻電子配置の外側に 1 個の 3s 電子が存在している．この 3s 電子が，3p 軌道に励起し再び 3s 軌道に戻る際，わずかに波長の異なる 2 種類の光（$\lambda = 5896\,\text{Å}, 5890\,\text{Å}$）を放つことが知られていた．しかし，当時この理由は不明であった．これを Na の D 線分裂とよぶ．

1925年，ウーレンベックとハウトシュミットは，未知の磁気モーメントは電子の自転運動に起因すると仮定し，Na の D 線分裂を説明した．彼らは，自転に伴う角運動量のことを**スピン角運動量**（spin angular momentum）とよび，その任意の方向への射影が $\pm\hbar/2$ であると仮定した．

彼らの考えによれば，電子はスピン角運動量 s に伴う磁気モーメント μ_s を持ち，両者は

$$\mu_\mathrm{s} = -\frac{g_\mathrm{s}\mu_\mathrm{B}}{\hbar}s \tag{10.6}$$

のような関係にある．ここで g_s はスピンの g 因子とよばれ，

$$g_\mathrm{s} = 2 \tag{10.7}$$

である[5]．

---

[5] g の値は正確には量子電磁力学（quantum electrodynamics）を用いて真空のゆらぎを考慮し，$g_\mathrm{s} = 2.0023$ であるとされている．

10.3 スピン演算子

ウーレンベックとハウトシュミットは前節で説明したように，スピン角運動量を，古典粒子の自転に相当する角運動量と考えた．しかし，ミクロの粒子が自転すると考えるためには，位置と運動量の不確かさが同時に，極めて小さくならなければならない．すなわち，不確定性原理が成り立たなくなってしまう．

しかし，実験においてスピン角運動量が確認できることはすでに述べた通りである．したがって，スピン角運動量を表す演算子について次のように考えるのが適切である．まず，角運動量であるからには軌道角運動量と同じような交換関係を満たすべきである．だが，空間座標にはよらない．ここではそれについて説明する．

まず，スピン角運動量を表す演算子も軌道角運動量と同様の性質を持つと仮定する．よって，スピン演算子 $\hat{\mathbf{s}}$ とその成分 $\hat{s}_x, \hat{s}_y, \hat{s}_z$ は以下を満たすものとする．

$$[\hat{s}_x, \hat{s}_y] = i\hbar \hat{s}_z \tag{10.8}$$

$$[\hat{s}_y, \hat{s}_z] = i\hbar \hat{s}_x \tag{10.9}$$

$$[\hat{s}_z, \hat{s}_x] = i\hbar \hat{s}_y \tag{10.10}$$

$$[\hat{\mathbf{s}}^2, \hat{s}_x] = [\hat{\mathbf{s}}^2, \hat{s}_y] = [\hat{\mathbf{s}}^2, \hat{s}_z] = 0 \tag{10.11}$$

また，$\hat{\mathbf{s}}^2$ と $\hat{s}_z$ の同時固有関数を α, β とし，以下も仮定する．

$$\hat{\mathbf{s}}^2 \alpha = \frac{3}{4}\hbar^2 \alpha, \quad \hat{\mathbf{s}}^2 \beta = \frac{3}{4}\hbar^2 \beta \tag{10.12}$$

$$\hat{s}_z \alpha = \frac{1}{2}\hbar \alpha, \quad \hat{s}_z \beta = -\frac{1}{2}\hbar \beta \tag{10.13}$$

ここで，係数 $3/4$ は $s = 1/2$ としたときの $s(s+1)$ であり，軌道角運動量の場合の $l(l+1)$ に相当する．

さらに，軌道角運動量における $\hat{l}_+, \hat{l}_-$ と同様に

$$\hat{s}_+ = \hat{s}_x + i\hat{s}_y, \quad \hat{s}_- = \hat{s}_x - i\hat{s}_y \tag{10.14}$$

を定義し，以下を仮定する．

$$\hat{s}_+\alpha = 0, \quad \hat{s}_+\beta = \hbar\alpha \tag{10.15}$$

$$\hat{s}_-\alpha = \hbar\beta, \quad \hat{s}_-\beta = 0 \tag{10.16}$$

ところで，$\hat{s}_z$ の固有関数が 2 個あることから，前述のすべてのスピン演算子は 2×2 型の行列で表現できると考えられる．そこで，対角行列を採用すると

$$\hat{s}_z = \frac{\hbar}{2}\begin{pmatrix} 1 & 0 \\ 0 & -1 \end{pmatrix} \tag{10.17}$$

となる．また固有関数の方も

$$\alpha = \begin{pmatrix} 1 \\ 0 \end{pmatrix}, \quad \beta = \begin{pmatrix} 0 \\ 1 \end{pmatrix} \tag{10.18}$$

のように表現できる．

α と β はエルミート行列の異なる固有値に属する固有関数であるから，直交しており，α の共役転置行列 $\alpha^\dagger$ と β を掛けると $\alpha^\dagger\beta = 0$ となる[6]．また，規格化もされているので，$\alpha^\dagger\alpha = \beta^\dagger\beta = 1$ となる．ここで α および β は，それぞれ**上向きスピン**（up spin）および**下向きスピン**（down spin）の状態を表すスピン波動関数と考えられる．

次に，$\hat{s}_x$ および $\hat{s}_y$ は (10.8)，(10.9)，(10.10)，(10.11) の交換関係をすべて満たすよう，以下のように決定できる．

$$\hat{s}_x = \frac{\hbar}{2}\begin{pmatrix} 0 & 1 \\ 1 & 0 \end{pmatrix}, \quad \hat{s}_y = \frac{\hbar}{2}\begin{pmatrix} 0 & -i \\ i & 0 \end{pmatrix} \tag{10.19}$$

ここでパウリ（Pauli）行列

$$\sigma_x = \begin{pmatrix} 0 & 1 \\ 1 & 0 \end{pmatrix}, \quad \sigma_y = \begin{pmatrix} 0 & -i \\ i & 0 \end{pmatrix}, \quad \sigma_z = \begin{pmatrix} 1 & 0 \\ 0 & -1 \end{pmatrix} \tag{10.20}$$

を用いれば，**s** は

---

[6] †は剣の形をしておりダガー（dagger）と読む．

$$\hat{s} = \frac{\hbar}{2}\sigma \tag{10.21}$$

と書ける．この3個のパウリ行列は，いずれも2乗すると

$$\sigma_x^2 = \sigma_y^2 = \sigma_z^2 = \begin{pmatrix} 1 & 0 \\ 0 & 1 \end{pmatrix} \tag{10.22}$$

のように単位行列になるので $\hat{s}^2$ は

$$\hat{s}^2 = \frac{\hbar^2}{4}(\sigma_x^2 + \sigma_y^2 + \sigma_z^2) = \frac{3}{4}\hbar^2 \begin{pmatrix} 1 & 0 \\ 0 & 1 \end{pmatrix} \tag{10.23}$$

と表せる．

また，(10.14) より

$$\hat{s}_+ = \hbar \begin{pmatrix} 0 & 1 \\ 0 & 0 \end{pmatrix}, \quad \hat{s}_- = \hbar \begin{pmatrix} 0 & 0 \\ 1 & 0 \end{pmatrix} \tag{10.24}$$

となり，これらは(10.15)と(10.16)を満たす．さらに

$$\hat{s}_x\alpha = \frac{\hbar}{2}\beta, \quad \hat{s}_y\alpha = i\frac{\hbar}{2}\beta, \quad \hat{s}_x\beta = \frac{\hbar}{2}\alpha, \quad \hat{s}_y\beta = -i\frac{\hbar}{2}\alpha \tag{10.25}$$

が成り立つことも容易にわかる．

さて，水素原子の問題に戻るが，スピンを考慮した波動関数は空間部分の波動関数 $\Psi_{nlm}(r,\theta,\phi)$ とスピン関数の積として表される．本書ではこの件はここまでとするが，この先を勉強したい読者には，小出昭一郎先生の『量子力学 (I), (II)』(裳華房) などを読むことをお薦めしたい．

10.4 スピン軌道相互作用

電子の軌道運動について以下のことがいえる．原子核から見ると，負電荷を持った電子が自分の周りを角運動量 l で軌道運動し，これにより電子の公転方向とは逆方向の電流が生ずる．これを図10.3に示す．

一方，電子から見ると，正電荷を持った原子核が自分の周りを回っている

10.4 スピン軌道相互作用

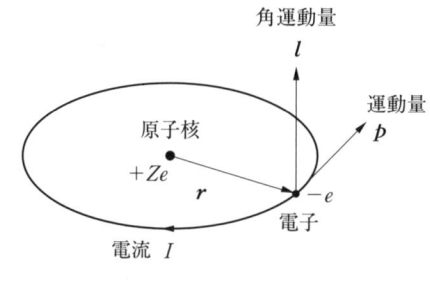

図 10.3 原子核を周回する電子の運動量および角運動量

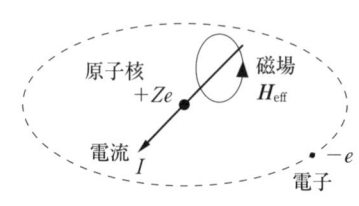

図 10.4 電子から見た原子核の運動およびその影響による電流，磁場

ように見える．これによって，原子核の公転方向と同方向の電流が生ずる．このことは，原子核の円電流が作る磁場 H_{eff} が，電子のスピン磁気モーメント μ_{s} に影響を及ぼすことを意味している．これを図 10.4 に示す．この影響はポテンシャル

$$V = -\mu_{\text{s}} \cdot H_{\text{eff}} \tag{10.26}$$

によって表現できる．これを**スピン軌道相互作用**（spin‐orbit interaction）とよぶ．

ここで，(10.6)に示したように μ_{s} は $\hat{s}$ と反平行である．これに対し，H_{eff} は $\hat{l}$ と平行である．(10.26)のポテンシャルを l と s で書き直すと，正の定数 ξ を用いて

$$\mathcal{H}_{\text{so}} = \xi \hat{l} \cdot \hat{s} \tag{10.27}$$

と書ける．このポテンシャルはスピン軌道相互作用ポテンシャルとよばれる．ここで係数 ξ の値は，正確には相対論的電子論によって定められる．

10.4.1 相互作用ポテンシャルと合成角運動量の交換関係

ここでは，$\mathcal{H}_{\text{so}}$ と角運動量演算子の交換関係を調べてみる．$\hat{l}$ と $\hat{s}$ の各成

分は交換すること，および (9.11) ~ (9.13)，(10.8) ~ (10.10) を用いると
$$[\hat{l}_x, \mathcal{H}_{\mathrm{so}}] = i\hbar\xi(\hat{s}_y\hat{l}_z - \hat{s}_z\hat{l}_y) \tag{10.28}$$
$$[\hat{s}_x, \mathcal{H}_{\mathrm{so}}] = i\hbar\xi(\hat{s}_z\hat{l}_y - \hat{s}_y\hat{l}_z) \tag{10.29}$$
となる．したがって，両式の和を取ると
$$[\hat{l}_x + \hat{s}_x, \mathcal{H}_{\mathrm{so}}] = 0 \tag{10.30}$$
が得られる．同様にして，
$$[\hat{l}_y + \hat{s}_y, \mathcal{H}_{\mathrm{so}}] = [\hat{l}_z + \hat{s}_z, \mathcal{H}_{\mathrm{so}}] = 0 \tag{10.31}$$
が得られる．

したがって，軌道角運動量 $\hat{\boldsymbol{l}}$ とスピン角運動量 $\hat{\boldsymbol{s}}$ よりなる合成角運動量を $\hat{\boldsymbol{j}} = \hat{\boldsymbol{l}} + \hat{\boldsymbol{s}}$ としたとき
$$[\hat{\boldsymbol{j}}, \mathcal{H}_{\mathrm{so}}] = 0 \tag{10.32}$$
が成り立ち，これより
$$[\hat{\boldsymbol{j}}^2, \mathcal{H}_{\mathrm{so}}] = \hat{\boldsymbol{j}}[\hat{\boldsymbol{j}}, \mathcal{H}_{\mathrm{so}}] + [\hat{\boldsymbol{j}}, \mathcal{H}_{\mathrm{so}}]\hat{\boldsymbol{j}} = 0 \tag{10.33}$$
も成り立つことが分かる．

ここで，スピン軌道相互作用がないときのハミルトニアンを $\mathcal{H}_0$ とすると，$[\hat{\boldsymbol{l}}, \mathcal{H}_0] = [\hat{\boldsymbol{s}}, \mathcal{H}_0] = 0$ であるので，全ハミルトニアン
$$\mathcal{H} = \mathcal{H}_0 + \mathcal{H}_{\mathrm{so}} \tag{10.34}$$
に対して，(10.32) や (10.33) と同様に
$$[\hat{\boldsymbol{j}}^2, \mathcal{H}] = 0 \tag{10.35}$$
$$[\hat{j}_x, \mathcal{H}] = [\hat{j}_y, \mathcal{H}] = [\hat{j}_z, \mathcal{H}] = 0 \tag{10.36}$$
が成り立つことが容易にわかる．また，全角運動量 $\hat{\boldsymbol{j}}$ は $\hat{\boldsymbol{l}}$ や $\hat{\boldsymbol{s}}$ と同様
$$[\hat{j}_x, \hat{j}_y] = i\hbar\hat{j}_z \tag{10.37}$$
$$[\hat{j}_y, \hat{j}_z] = i\hbar\hat{j}_x \tag{10.38}$$
$$[\hat{j}_z, \hat{j}_x] = i\hbar\hat{j}_y \tag{10.39}$$
$$[\hat{\boldsymbol{j}}^2, \hat{j}_x] = [\hat{\boldsymbol{j}}^2, \hat{j}_y] = [\hat{\boldsymbol{j}}^2, \hat{j}_z] = 0 \tag{10.40}$$
を満たす．よって，$\hat{j}_x, \hat{j}_y, \hat{j}_z$ のうちの1つと $\hat{\boldsymbol{j}}^2$ は同時固有関数を持つ．

◀ 例題 20 ▶ (10.28) および (10.29) を証明せよ．

解答 $\hat{l}$ と $\hat{s}$ の各成分は交換すること,および(9.11)〜(9.13),(10.8)〜(10.10) を用いると以下が得られる.

$$[\hat{l}_x, \mathcal{H}_{so}] = [\hat{l}_x, \xi(\hat{l}_x\hat{s}_x + \hat{l}_y\hat{s}_y + \hat{l}_z\hat{s}_z)] = \xi\hat{s}_y[\hat{l}_x, \hat{l}_y] + \xi\hat{s}_z[\hat{l}_x, \hat{l}_z]$$
$$= i\hbar\xi(\hat{s}_y\hat{l}_z - \hat{s}_z\hat{l}_y)$$

$$[\hat{s}_x, \mathcal{H}_{so}] = [\hat{s}_x, \xi(\hat{l}_x\hat{s}_x + \hat{l}_y\hat{s}_y + \hat{l}_z\hat{s}_z)] = \xi[\hat{s}_x, \hat{s}_y]\hat{l}_y + \xi[\hat{s}_x, \hat{s}_z]\hat{l}_z$$
$$= i\hbar\xi(\hat{s}_z\hat{l}_y - \hat{s}_y\hat{l}_z)$$

◀**問題39**▶ (10.35)を証明せよ.

10.4.2 運動の恒量

ここでは,スピン軌道相互作用のあるとき,$\hat{\boldsymbol{j}}^2$ と $\hat{j}_z$ を同時固有関数を持つ運動の恒量として理論を組み立てる.そこで,この同時固有関数がどのような形をすべきであるかを考えてみる.

まず,$\hat{\boldsymbol{l}}^2$ と $\hat{l}_z$ の固有関数である球面調和関数と α の積に $\hat{\boldsymbol{j}}^2 = (\hat{\boldsymbol{l}} + \hat{\boldsymbol{s}})^2$ を作用させると

$$\begin{aligned}\hat{\boldsymbol{j}}^2 Y_l^m \alpha &= (\hat{\boldsymbol{l}}^2 + \hat{\boldsymbol{s}}^2 + 2\hat{\boldsymbol{l}}\cdot\hat{\boldsymbol{s}})\, Y_l^m \alpha \\ &= \hat{\boldsymbol{l}}^2 Y_l^m \alpha + Y_l^m \hat{\boldsymbol{s}}^2 \alpha + 2\hat{l}_x Y_l^m \hat{s}_x \alpha + 2\hat{l}_y Y_l^m \hat{s}_y \alpha + 2\hat{l}_z Y_l^m \hat{s}_z \alpha \\ &= \hat{\boldsymbol{l}}^2 Y_l^m \alpha + Y_l^m \hat{\boldsymbol{s}}^2 \alpha + \hbar \hat{l}_+ Y_l^m \beta + 2\hat{l}_z Y_l^m \hat{s}_z \alpha \\ &= \hbar^2 \left\{ l(l+1) + \frac{3}{4} + m \right\} Y_l^m \alpha + \hbar^2 \sqrt{(l-m)(l+m+1)}\, Y_l^{m+1}\beta \end{aligned}$$

(10.41)

となる.ただし,2段目から3段目に移る際は,(10.25)を用いて $\hat{s}_x\alpha$ および $\hat{s}_y\alpha$ を計算した.また,3段目から4段目に移る際は,(9.22),(10.12) および(10.13)を用いた.

同様に,

$$\hat{\boldsymbol{j}}^2 Y_l^m \beta = \hbar^2 \left\{ l(l+1) + \frac{3}{4} - m \right\} Y_l^m \beta + \hbar^2 \sqrt{(l+m)(l-m+1)}\, Y_l^{m-1}\alpha$$

(10.42)

140　10. スピン

となる.

以上のことより，$Y_l^m \alpha$ も $Y_l^m \beta$ も単独では $\hat{j}^2$ の固有関数にはなり得ないことがわかる. そこで

$$\mathcal{Y} = A Y_l^m \alpha + B Y_l^{m+1} \beta \tag{10.43}$$

のような関数を試してみると

$$\hat{j}^2 \mathcal{Y} = \hbar^2 \left[A \left\{ l(l+1) + \frac{3}{4} + m \right\} + B \sqrt{(l+m+1)(l-m)} \right] Y_l^m \alpha$$
$$+ \hbar^2 \left[A \sqrt{(l-m)(l+m+1)} + B \left\{ l(l+1) + \frac{3}{4} - m - 1 \right\} \right] Y_l^{m+1} \beta \tag{10.44}$$

となる.

したがって，$q\hbar^2$ を固有値とし，

$$\hat{j}^2 \mathcal{Y} = q \hbar^2 \mathcal{Y} \tag{10.45}$$

が成り立つためには

$$A \left\{ l(l+1) + \frac{3}{4} + m \right\} + B \sqrt{(l+m+1)(l-m)} = qA \tag{10.46}$$

$$A \sqrt{(l-m)(l+m+1)} + B \left\{ l(l+1) - \frac{1}{4} - m \right\} = qB \tag{10.47}$$

が成り立たなければならない.

これをまとめると，

$$\begin{pmatrix} l(l+1) + \dfrac{3}{4} + m - q & \sqrt{(l+m+1)(l-m)} \\ \sqrt{(l-m)(l+m+1)} & l(l+1) - \dfrac{1}{4} - m - q \end{pmatrix} \begin{pmatrix} A \\ B \end{pmatrix} = 0 \tag{10.48}$$

と書ける.

よって，$A = B = 0$ 以外の解が存在するためには，q が

$$\begin{vmatrix} l(l+1) + \dfrac{3}{4} + m - q & \sqrt{(l+m+1)(l-m)} \\ \sqrt{(l-m)(l+m+1)} & l(l+1) - \dfrac{1}{4} - m - q \end{vmatrix} = 0$$
(10.49)

を満たす必要がある．

これより，q に関する 2 次方程式

$$\left\{ l(l+1) + \frac{3}{4} + m - q \right\}\left\{ l(l+1) - \frac{1}{4} - m - q \right\} \\ - (l-m)(l+m+1) = 0$$
(10.50)

が得られ，これを因数分解すると

$$\left\{ q - \left(l - \frac{1}{2}\right)\left(l + \frac{1}{2}\right) \right\}\left\{ q - \left(l + \frac{1}{2}\right)\left(l + \frac{3}{2}\right) \right\} = 0 \quad (10.51)$$

となる．すなわち，$\hat{\boldsymbol{j}}^2$ の固有値 $q\hbar^2$ は $(l-1/2)(l+1/2)\hbar^2$ および $(l+1/2)(l+3/2)\hbar^2$ である．

そこで，それぞれの固有値に対して，A, B を以下のように求めれば固有関数 $\mathcal{Y}$ も求まる．まず，固有値が $q = (l-1/2)(l+1/2)$ のとき，(10.48) は

$$\begin{pmatrix} l+m+1 & \sqrt{(l+m+1)(l-m)} \\ \sqrt{(l-m)(l+m+1)} & l-m \end{pmatrix} \begin{pmatrix} A \\ B \end{pmatrix} = 0$$
(10.52)

となり，A, B は

$$A = -\sqrt{\frac{l-m}{l+m+1}} B \tag{10.53}$$

を満たす．よって，$A^2 + B^2 = 1$ となるように規格化すると

$$A = -\sqrt{\frac{l-m}{2l+1}}, \quad B = \sqrt{\frac{l+m+1}{2l+1}} \tag{10.54}$$

となる．

同様に，$q = (l+1/2)(l+3/2)$ のとき，(10.48) は

$$\left(\begin{array}{cc} \dfrac{-l+m}{\sqrt{(l-m)(l+m+1)}} & \sqrt{(l+m+1)(l-m)} \\ & -l-m-1 \end{array} \right) \left(\begin{array}{c} A \\ B \end{array} \right) = 0 \qquad (10.55)$$

となり，規格化された A, B として

$$A = \sqrt{\dfrac{l+m+1}{2l+1}}, \quad B = -\sqrt{\dfrac{l-m}{2l+1}} \qquad (10.56)$$

を得る．

なお，2つの固有値は $j = l \pm 1/2$ とすると両方とも $j(j+1)\hbar^2$ と書ける．また，$\mathcal{Y}$ に $\hat{j}_z = \hat{l}_z + \hat{s}_z$ を作用させると

$$\hat{j}_z \mathcal{Y} = A(\hat{l}_z Y_l^m \alpha + Y_l^m \hat{s}_z \alpha) + B(\hat{l}_z Y_l^{m+1} \beta + Y_l^{m+1} \hat{s}_z \beta) = \left(m + \dfrac{1}{2} \right) \hbar \mathcal{Y} \qquad (10.57)$$

となり，$m_j = m + 1/2$ とおくと $\hat{j}_z$ の固有値は $m_j \hbar$ である．

以上をまとめると，$\hat{\boldsymbol{j}}^2$ と $\hat{j}_z$ の同時固有関数は

$$\mathcal{Y}_{lm j m_j} = A_{lm j m_j} Y_l^m \alpha + B_{lm j m_j} Y_l^{m+1} \beta \qquad (10.58)$$

と書け，

$$\hat{\boldsymbol{j}}^2 \mathcal{Y}_{lm j m_j} = j(j+1) \hbar^2 \mathcal{Y}_{lm j m_j} \qquad (10.59)$$

$$\hat{j}_z \mathcal{Y}_{lm j m_j} = m_j \hbar \mathcal{Y}_{lm j m_j} \qquad (10.60)$$

を満たす．ただし

$$j = l \pm \dfrac{1}{2} \qquad (10.61)$$

$$m_j = m + \dfrac{1}{2} \qquad (10.62)$$

である．

なお，係数は $j = l - 1/2$ のとき

$$A_{lm j m_j} = -\sqrt{\dfrac{l-m}{2l+1}}, \quad B_{lm j m_j} = \sqrt{\dfrac{l+m+1}{2l+1}} \qquad (10.63)$$

で表される．また，$j = l + 1/2$ のとき

$$A_{lmjm_j} = \sqrt{\frac{l+m+1}{2l+1}}, \quad B_{lmjm_j} = -\sqrt{\frac{l-m}{2l+1}} \quad (10.64)$$

で表される．

ここで，$l=1$ の場合を例に，$\mathcal{Y}_{lmjm_j}$ の各項を，$j=l\pm 1/2$ のそれぞれについて表 10.1 および表 10.2 に示す．表 10.1 においては，$m_j = -1/2$, $1/2$ 以外の場合は $-l \leq m \leq l$ を満たさない Y_l^m が出現する．同様に，表 10.2 においては，$m_j = -3/2$, $-1/2$, $1/2$, $3/2$ 以外の場合は $-l \leq m \leq l$ を満たさない Y_l^m が出現する．

よって，両者とも，m_j の範囲を，$m_j = -j, -j+1, \cdots, j-1, j$ とすれば問題が発生しない．一般の L についても $-L \leq M \leq L$ を満たさない Y_L^M

表 10.1 $l=1$, $j=l-1/2=1/2$ の場合の (10.58) の各項

l	m	j	m_j	第 1 項	第 2 項
1	-2	$\frac{1}{2}$	$-\frac{3}{2}$	$-Y_1^{-2}$	0
1	-1	$\frac{1}{2}$	$-\frac{1}{2}$	$-\sqrt{\frac{2}{3}}Y_1^{-1}$	$\sqrt{\frac{1}{3}}Y_1^0$
1	0	$\frac{1}{2}$	$\frac{1}{2}$	$-\sqrt{\frac{1}{3}}Y_1^0$	$\sqrt{\frac{2}{3}}Y_1^1$
1	1	$\frac{1}{2}$	$\frac{3}{2}$	0	Y_1^2
1	2	$\frac{1}{2}$	$\frac{5}{2}$	$-\sqrt{\frac{-1}{3}}Y_1^2$	$\sqrt{\frac{4}{3}}Y_1^3$

表 10.2 $l=1$, $j=l+1/2=3/2$ の場合の (10.58) の各項

l	m	j	m_j	第 1 項	第 2 項
1	-2	$\frac{3}{2}$	$-\frac{3}{2}$	0	$-Y_1^{-1}$
1	-1	$\frac{3}{2}$	$-\frac{1}{2}$	Y_1^{-1}	$-\sqrt{\frac{2}{3}}Y_1^0$
1	0	$\frac{3}{2}$	$\frac{1}{2}$	$\sqrt{\frac{2}{3}}Y_1^0$	$-\sqrt{\frac{1}{3}}Y_1^1$
1	1	$\frac{3}{2}$	$\frac{3}{2}$	$\sqrt{\frac{2}{3}}Y_1^1$	0
1	2	$\frac{3}{2}$	$\frac{5}{2}$	$\sqrt{\frac{4}{3}}Y_1^2$	$-\sqrt{\frac{-1}{3}}Y_1^3$

が出現しないようにするためには

$$m_j = -j, -j+1, \cdots, +j-1, +j \tag{10.65}$$

とすべきである[7].

以上のように定義された，関数 $\mathcal{Y}$ が規格直交性

$$\langle \mathcal{Y}_{lmjm_j} | \mathcal{Y}_{l'm'j'm'_j} \rangle = \delta_{ll'} \delta_{mm'} \delta_{jj'} \tag{10.66}$$

を持つことは，Y_l^m, α, β などの規格直交性や(10.63)，(10.64)を用いて容易に証明できる[8].

◀問題40▶ (10.66)を証明せよ．

10.5 異常ゼーマン効果

スピン軌道相互作用を考慮した際，9.4節で述べたゼーマン効果はどのようになるであろうか？ ここでは，その場合のエネルギー固有値の変化について考える．

軌道角運動量から発生する磁気モーメントを μ_l, スピン角運動量から発生する磁気モーメントを μ_s とし，全磁気モーメントを μ として(9.36)，(10.6)を用い，$g_l = 1$, $g_s = 2$ とすると，

$$\boldsymbol{\mu} = \boldsymbol{\mu}_l + \boldsymbol{\mu}_s = -\frac{g_l \mu_B}{\hbar} \hat{\boldsymbol{l}} - \frac{g_s \mu_B}{\hbar} \hat{\boldsymbol{s}} = -\frac{\mu_B}{\hbar} (\hat{\boldsymbol{l}} + 2\hat{\boldsymbol{s}}) \tag{10.67}$$

となる．ここで $\hat{\boldsymbol{l}}$ と $\boldsymbol{\mu}_l$ は反平行だが，$g_l \neq g_s$ であるので，全磁気モーメント $\boldsymbol{\mu}$ と全角運動量 $\hat{\boldsymbol{j}} = \hat{\boldsymbol{l}} + \hat{\boldsymbol{s}}$ とは反平行にならない．

ところで，スピン軌道相互作用ポテンシャル $\mathcal{H}_{so}$ は

$$\mathcal{H}_{so} = \xi \hat{\boldsymbol{l}} \cdot \hat{\boldsymbol{s}} = \frac{1}{2} \xi (\hat{\boldsymbol{j}}^2 - \hat{\boldsymbol{l}}^2 - \hat{\boldsymbol{s}}^2) \tag{10.68}$$

---

7) $\mathcal{Y}$ や A や B の下つき添え字において m_j は不必要である．なぜなら，$m'_j = m + 1/2$ であり，m が決まれば m' は決まってしまうからである．また，(10.63)や(10.64)の2式を見ると，下つき添え字 j は必要ないようにも見える．しかし，2式のどちらを使用すべきかは j により決まるので j は必要である．

8) この場合の積分範囲は $\int_0^\pi d\theta \int_0^{2\pi} d\phi$ である．

と書ける．この式に現れた3つの項は，同時固有関数を持ち，その固有値が既知であるので都合の良い形をしている．

これより，$\mathcal{H}_{so}$ は固有値方程式

$$\mathcal{H}_{so}\Psi_{nlmjm_j} = \frac{1}{2}\xi\{j(j+1) - l(l+1) - s(s+1)\}\hbar^2\Psi_{nlmjm_j} \quad (10.69)$$

を満たすことが容易にわかる．ここで，Ψ_{nlmjm_j} は(5.47)の R_{nl} を用い

$$\Psi_{nlmjm_j}(r,\theta,\phi) = R_{nl}(r)\,\mathcal{Y}_{lmjm_j}(\theta,\phi) \quad (10.70)$$

により定義される関数である．これは，今までに議論してきた角度成分 $\mathcal{Y}_{lmjm_j}(\theta,\phi)$ に動径成分 $R_{nl}(r)$ を掛け，全波動関数としたものである．また，スピン軌道相互作用のないときのハミルトニアン $\mathcal{H}_0$ も

$$\mathcal{H}_0\Psi_{nlmjm_j} = E_n\Psi_{nlmjm_j} \quad (10.71)$$

を満たすので，Ψ_{nlmjm_j} は $\mathcal{H}_{so}$ と $\mathcal{H}_0$ の同時固有関数である．

よって，(10.69)と(10.71)を加えると

$$(\mathcal{H}_0 + \mathcal{H}_{so})\Psi_{nlmjm_j} = (E_n + \Delta E)\Psi_{nlmjm_j} \quad (10.72)$$

$$E_n = -\frac{1}{n^2} \quad (10.73)$$

$$\Delta E = \frac{1}{2}\xi\{j(j+1) - l(l+1) - s(s+1)\}\hbar^2 \quad (10.74)$$

が成り立つ．

ここで，$s = 1/2$ のとき，合成角運動量は $j = l \pm 1/2$ であるので，これらを代入すると $\mathcal{H}_{so}$ によるエネルギーの分離は

$$\left.\begin{array}{l} \Delta E_+ = \dfrac{1}{2}\xi l\hbar^2 \quad \left(s = \dfrac{1}{2},\ j = l + \dfrac{1}{2}\right) \\[1em] \Delta E_- = -\dfrac{1}{2}\xi(l+1)\hbar^2 \quad \left(s = \dfrac{1}{2},\ j = l - \dfrac{1}{2}\right) \end{array}\right\} \quad (10.75)$$

と書ける．

なお，$j = l + 1/2$ の場合，$m_j = -l - 1/2,\ -l + 1/2,\ -l + 3/2, \cdots,\ l + 1/2$ の状態が $(2l+2)$ 重に縮退している．また，$j = l - 1/2$ の場合，

$m_j = -l+1/2, -l+3/2, \cdots, l-1/2$ の状態が $2l$ 重に縮退している。すなわち，$2(2l+1)$ 重縮退が $\mathcal{H}_{so}$ により，$(2l+2)$ 重縮退の状態と $2l$ 重縮退の状態の2つに分離する。このとき，エネルギー差は $\Delta E_+ - \Delta E_- = (1/2)\xi \times (2l+1)\hbar^2$ である。この様子を図10.5に示す。

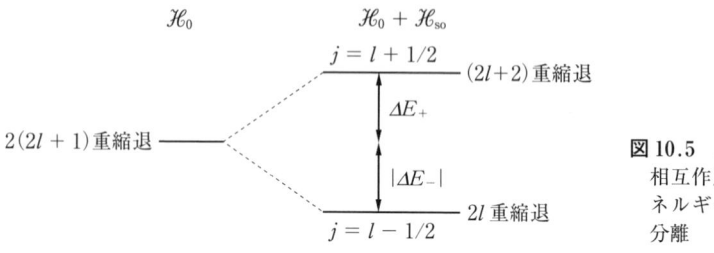

図10.5 スピン軌道相互作用によるエネルギー固有値の分離

図10.5のような状態に磁場を印加すると，ゼーマン効果により，さらに準位の分裂が起こる。その際のハミルトニアンは

$$\mathcal{H} = \mathcal{H}_0 + \mathcal{H}_{so} - \frac{\mu}{\mu_0}\cdot\boldsymbol{B} \qquad (10.76)$$

と書ける。この場合は，多重項がさらに複雑に分離し，図9.4のような整然とした分離ではなくなる。これを，**異常ゼーマン効果**（anomalous Zeeman effect）とよぶ。例えば，図10.5の上側の $(2l+2)$ 重縮退から分裂した準位の一部よりも，下側の $2l$ 重縮退から分裂した準位の一部の方が上に来ることもあり得る。

◀例題21▶ (10.68)を導出せよ。

解答 $\hat{\boldsymbol{j}}^2 = (\hat{\boldsymbol{l}}+\hat{\boldsymbol{s}})^2 = \hat{\boldsymbol{l}}^2 + 2\hat{\boldsymbol{l}}\cdot\hat{\boldsymbol{s}} + \hat{\boldsymbol{s}}^2$ より，$\hat{\boldsymbol{l}}\cdot\hat{\boldsymbol{s}} = (1/2)(\hat{\boldsymbol{j}}^2 - \hat{\boldsymbol{l}}^2 - \hat{\boldsymbol{s}}^2)$ である。
よって，$\mathcal{H}_{so} = \xi\hat{\boldsymbol{l}}\cdot\hat{\boldsymbol{s}} = (1/2)\xi(\hat{\boldsymbol{j}}^2 - \hat{\boldsymbol{l}}^2 - \hat{\boldsymbol{s}}^2)$ となる。

第 10 章のポイント確認

1. シュテルン – ゲルラッハの実験について理解できた．
2. ウーレンベック – ハウトシュミットの理論からスピンの考え方が生まれたことについて理解できた．
3. スピン演算子の性質について理解できた．
4. スピン軌道相互作用について理解できた．
5. 異常ゼーマン効果について理解できた．

11

摂動論

　ここまでに，シュレディンガー方程式をいくつかのポテンシャル問題について解いてきた．しかし，そのポテンシャルがほんの少し変化しただけで，ほとんどの場合は，解析的に解けなくなってしまう．すなわち，本書も含め教科書に載っている例は奇跡的に解ける問題ばかりであるともいえる．
　ここでは完全に解ける問題を利用して，それとはほんの少し異なった解けない問題を近似的に解く方法について述べる．

【学習目標】 摂動計算式の導出および応用を理解する．
【Keywords】 完全規格直交系，無摂動系，摂動系

11.1 摂動公式

時間独立シュレディンガー方程式

$$\mathcal{H}_0|\phi_n\rangle = E_n|\phi_n\rangle \quad (n = 1, 2, 3, \cdots) \tag{11.1}$$

において，解もエネルギー固有値もすべてわかっている縮退のない問題を考える[1]．ここで，$\{\phi_i\}$ は，完全規格直交系（付録 E 参照）をなすと考えられ，

---

[1] シュレディンガー方程式を，わざわざディラック表記で書く必要はないと思うかもしれない．しかし，この章ではその方が都合が良い．この後わかることだが，ハミルトニアンの両側を波動関数で挟んで積分する計算が，たくさん出てくる．

$$\langle \phi_n | \phi_m \rangle = \delta_{nm} \tag{11.2}$$

が成り立つ．

以上の前提で，ハミルトニアンが $\mathcal{H}_0$ から $\mathcal{H}_0 + \lambda \mathcal{H}'$ のようにほんの少しだけ変化した場合を考える．ここで，$\lambda \mathcal{H}'$ のことを**摂動**（perturbation）とよぶ．この場合，シュレディンガー方程式は

$$(\mathcal{H}_0 + \lambda \mathcal{H}') | \Psi_n \rangle = E'_n | \Psi_n \rangle \quad (n = 1, 2, 3, \cdots) \tag{11.3}$$

と書け，解もエネルギー固有値も，$\phi_n \to \Psi_n$ および $E_n \to E'_n$ のように，少し変化する．ここで，(11.1)は解けているという前提であるが，(11.3)は解析的に解けない場合がほとんどである．そこで，ϕ_n がわかっているということを用いて以下のことを試みる．

まず，Ψ と E' を λ で

$$\Psi_n = \sum_{k=0}^{\infty} a_k \lambda^k \tag{11.4}$$

$$E'_n = \sum_{k=0}^{\infty} b_k \lambda^k \tag{11.5}$$

のように展開する．ここで，展開係数 a_k と b_k がすべてわかれば(11.3)は完全に解けたことになる．すべてがわかるのは難しいとしても λ が小さいとし，低次の項についてだけでもわかれば近似的には(11.3)が解けたことになる．これを踏まえ，低次の項を求めてみる．

摂動項 $\lambda \mathcal{H}'$ が存在しなかった場合，(11.1)と(11.3)は一致しなければならない．すなわち，$\lambda = 0$ のとき Ψ_n と ϕ_n は一致し，E'_n と E_n も一致しなければならない．これより

$$a_0 = \phi_n, \quad b_0 = E_n \tag{11.6}$$

は自明である．

さて，(11.4)と(11.5)を(11.3)に代入すると

$$(\mathcal{H}_0 + \lambda \mathcal{H}') \sum_{n=0}^{\infty} a_n \lambda^n = \sum_{k=0}^{\infty} b_k \lambda^k \sum_{n=0}^{\infty} a_n \lambda^n \tag{11.7}$$

を得るが，この両辺は λ の各次数ごとに等しくなければならない．0次の場合，(11.6)を考慮すれば(11.1)そのものとなり，問題なく両辺は等しくなる．

次に，1次の場合は

$$\mathcal{H}_0 a_1 + \mathcal{H}' a_0 = b_1 a_0 + b_0 a_1 \qquad (11.8)$$

が成り立たなければならない．この式に(11.6)を考慮し，左側から$\langle \phi_n |$を掛けると

$$\langle \phi_n | \mathcal{H}_0 | a_1 \rangle + \langle \phi_n | \mathcal{H}' | \phi_n \rangle = \langle \phi_n | b_1 | \phi_n \rangle + \langle \phi_n | E_n | a_1 \rangle \qquad (11.9)$$

となる[2]．ここで，左辺第1項は，$\mathcal{H}$がエルミート演算子であることより，右辺第2項と相殺する．また右辺第1項は，b_1が定数であること，およびϕ_nが規格化されていることより，b_1そのものとなる．

これらより

$$b_1 = \langle \phi_n | \mathcal{H}' | \phi_n \rangle \qquad (11.10)$$

を得る．したがって，1次までの近似において

$$E'_n \approx E_n + \lambda \langle \phi_n | \mathcal{H}' | \phi_n \rangle \qquad (11.11)$$

が成り立つ．

さらに，$\phi_n (n = 1, 2, \cdots)$が完全規格直交系（付録E参照）をなすことを用いて，関数a_1を

$$a_1 = \sum_{k=0}^{\infty} c_k | \phi_k \rangle \qquad (11.12)$$

のように展開する．(11.12)を(11.8)に代入し，(11.6)および(11.10)を用いると

$$\mathcal{H}_0 \sum_{k=0}^{\infty} c_k | \phi_k \rangle + \mathcal{H}' | \phi_n \rangle = \langle \phi_n | \mathcal{H}' | \phi_n \rangle | \phi_n \rangle + E_n \sum_{k=0}^{\infty} c_k | \phi_k \rangle \qquad (11.13)$$

となる．また，この式の両辺の左側から$\langle \phi_m |$を掛けると

$$\sum_{k=0}^{\infty} c_k \langle \phi_m | \mathcal{H}_0 | \phi_k \rangle + \langle \phi_m | \mathcal{H}' | \phi_n \rangle$$
$$= \langle \phi_n | \mathcal{H}' | \phi_n \rangle \langle \phi_m | \phi_n \rangle + E_n \sum_{k=0}^{\infty} c_k \langle \phi_m | \phi_k \rangle \qquad (11.14)$$

を得る．ここで，$\langle \phi_m | \mathcal{H}_0 | \phi_k \rangle = E_m \delta_{mk}$および(11.2)を用いると

---

2) "左側から$\langle \phi_n |$を掛けるとは，左側からϕ_n^*を掛けて積分することを意味する．

$$c_m E_m + \langle \phi_m | \mathcal{H}' | \phi_n \rangle = \langle \phi_n | \mathcal{H}' | \phi_n \rangle \delta_{nm} + E_n c_m \quad (11.15)$$

となる．

これより，$n \neq m$ のとき

$$c_m = \frac{\langle \phi_m | \mathcal{H}' | \phi_n \rangle}{E_n - E_m} \quad (11.16)$$

を得る．一方，$n = m$ のときは(11.15)の左辺第1項と右辺第2項が相殺するため，c_n を決定することはできない．これを不明のまま Ψ_n を1次の近似で書くと，(11.4)および(11.12)により

$$|\Psi_n\rangle = a_0 + a_1 \lambda = |\phi_n\rangle + \lambda \left(c_n |\phi_n\rangle + \sum_{m=0}^{\infty}{}' \frac{\langle \phi_m | \mathcal{H}' | \phi_n \rangle}{E_n - E_m} |\phi_m\rangle \right) \quad (11.17)$$

となる．ここで和の記号の右側につけたプライムは，$n = m$ を抜かして和を取ることを意味する．

次に，(11.17)を用いて以下の計算を試みる．

$$\begin{aligned}\langle \Psi_n | \Psi_n \rangle &= \langle \phi_n | \phi_n \rangle + \lambda^* \left\langle c_n \phi_n + \sum_{m=0}^{\infty}{}' \frac{\langle \phi_m | \mathcal{H}' | \phi_n \rangle}{E_n - E_m} \phi_m \Big| \phi_n \right\rangle \\ &\quad + \lambda \left\langle \phi_n \Big| c_n \phi_n + \sum_{m=0}^{\infty}{}' \frac{\langle \phi_m | \mathcal{H}' | \phi_n \rangle}{E_n - E_m} \phi_m \right\rangle + \mathcal{O}(\lambda^2) \end{aligned} \quad (11.18)$$

ここで ϕ_n の規格直交性，および m に関する和が $m = n$ を除いていることより

$$\langle \Psi_n | \Psi_n \rangle = 1 + \lambda c_n + \lambda^* c_n^* + \mathcal{O}(\lambda^2) \quad (11.19)$$

を得る．

これより λ に関して，1次の近似において Ψ_n を規格化するためには，$c_n = 0$ でなければならないことがわかる．これを採用すると

$$|\Psi_n\rangle \approx |\phi_n\rangle + \lambda \sum_{m=0}^{\infty}{}' \frac{\langle \phi_m | \mathcal{H}' | \phi_n \rangle}{E_n - E_m} |\phi_m\rangle \quad (11.20)$$

を得る．ここで右辺第2項の和において，$m = n$ を除いている．上記と縮

退がないことより，分母がゼロとなることはあり得ない．

以上のことより，第1次近似における波動関数とエネルギーを求めることができた．ここで，λ を $\mathcal{H}'$ の中に含めてしまった方がシンプルになるので，実際には(11.11)および(11.20)は

$$E'_n \approx E_n + \langle \phi_n | \mathcal{H}' | \phi_n \rangle \tag{11.21}$$

$$|\Psi_n\rangle \approx |\phi_n\rangle + \sum_{m=0}^{\infty}{}' \frac{\langle \phi_m | \mathcal{H}' | \phi_n \rangle}{E_n - E_m} |\phi_m\rangle \tag{11.22}$$

のように表される．両式共に，無摂動系の解（右辺第1項）に摂動 $\mathcal{H}'$ による影響（右辺第2項）を加えた式となっている．

同様の手法を2次の項についても施せば，2次の近似式も導出可能である．そこで，エネルギーについての計算を以下に示す．

まず，(11.7)において両辺の2次の項の係数が等しくなるためには，

$$\mathcal{H}_0 a_2 + \mathcal{H}' a_1 = b_0 a_2 + b_1 a_1 + b_2 a_0 \tag{11.23}$$

が成り立つ必要がある．この式の両辺の左側から $\langle \phi_n |$ を掛けて，(11.6)を考慮すると

$$\langle \phi_n | \mathcal{H}_0 | a_2 \rangle + \langle \phi_n | \mathcal{H}' | a_1 \rangle = \langle \phi_n | E_n | a_2 \rangle + \langle \phi_m | b_1 | a_1 \rangle + \langle \phi_n | b_2 | \phi_n \rangle \tag{11.24}$$

となる．

ここで，(11.24)の左辺第1項と右辺第1項は同一であり，相殺する．また，左辺第2項に(11.12)および(11.16)を，右辺第2項には(11.12)および(11.10)をそれぞれ用い，右辺第3項には b_2 が定数であることを考慮する．すると

$$\sum_{m=0}^{\infty}{}' \frac{\langle \phi_m | \mathcal{H}' | \phi_n \rangle}{E_n - E_m} \langle \phi_n | \mathcal{H}' | \phi_m \rangle$$

$$= \langle \phi_n | \mathcal{H}' | \phi_n \rangle \sum_{m=0}^{\infty}{}' \frac{\langle \phi_m | \mathcal{H}' | \phi_n \rangle}{E_n - E_m} \langle \phi_n | \phi_m \rangle + b_2 \tag{11.25}$$

となる．ここで，(11.25)の右辺第1項においては，$m = n$ を除いて和を取っているので，$\langle \phi_n | \phi_m \rangle$ の部分がすべてゼロになる．

したがって，

$$b_2 = \sum_{m=0}^{\infty}{}' \frac{|\langle \phi_m | \mathcal{H}' | \phi_n \rangle|^2}{E_n - E_m} \tag{11.26}$$

であり，これを(11.21)に加えれば，2次の近似式は

$$E_n' \approx E_n + \langle \phi_n | \mathcal{H}' | \phi_n \rangle + \sum_{m=0}^{\infty}{}' \frac{|\langle \phi_m | \mathcal{H}' | \phi_n \rangle|^2}{E_n - E_m} \tag{11.27}$$

となる．

なお，摂動 $\mathcal{H}'$ は微小であるのが前提であり，高次の項ほど小さい値を取って和は十分速やかに収束する．波動関数の2次近似式も同様の方法で導出することができる．

11.2 摂動公式の応用

図11.1のように，無限に深い1次元の井戸の底に摂動がある場合を考え，摂動公式の応用例を示す．この場合，無摂動系の波動関数は3.1節で示したように容易に求まる．したがって，(11.21)および(11.22)を用いて，エネルギー準位および波動関数がどのように変化するかを計算することができる．

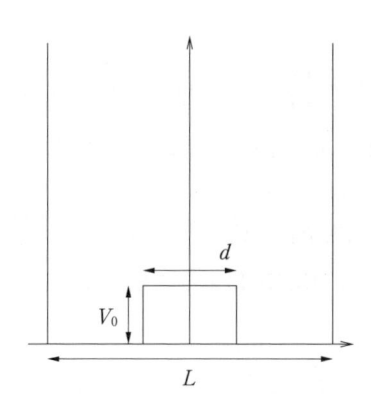

図11.1 摂動を伴った無限に深い井戸型ポテンシャル

11. 摂動論

まず始めに，ポテンシャルの摂動部分を V' とすると

$$V'(x) = \begin{cases} V_0 & \left(\dfrac{L-d}{2} \leq x \leq \dfrac{L+d}{2}\right) \\ 0 & (\text{上記以外}) \end{cases} \quad (11.28)$$

と書ける．これを用いると以下の計算ができる．

$$V'_{nm} = \langle \phi_n | \mathscr{H}' | \phi_m \rangle$$

$$= \frac{2V_0}{\pi}\left[\frac{1}{n-m}\sin\left\{\frac{(n-m)\pi d}{2L}\right\}\cos\left\{\frac{(n-m)\pi}{2}\right\}\right.$$

$$\left.-\frac{1}{n+m}\sin\left\{\frac{(n+m)\pi d}{2L}\right\}\cos\left\{\frac{(n+m)\pi}{2}\right\}\right] \quad (11.29)$$

(11.29)において因子 $\cos\{(n\pm m)\pi/2\}$ は，$n\pm m$ が奇数のとき 0 になり，偶数のとき 1 か -1 になる．

ところで，(11.29)において，V'_{nn} は $1/(n-m)$ の部分が発散してしまうように見える．しかし，

$$\frac{1}{n-m}\sin\left\{\frac{(n-m)\pi d}{2L}\right\} = \frac{\sin\{(n-m)\pi d/2L\}}{(n-m)\pi d/2L}\cdot\frac{\pi d}{2L} \quad (11.30)$$

であるので，$\lim_{x \to 0}(\sin x/x)=1$ を用いると，この部分は $n=m$ のとき $\pi d/2L$ となる．

よって，(11.21)を用いれば，基底状態のエネルギーは1次近似において，

$$E'_1 \approx E_1 + V'_{11} = E_1 + V_0\left\{\frac{d}{L} + \frac{1}{\pi}\sin\left(\frac{d}{L}\pi\right)\right\} \quad (11.31)$$

と書ける．また，波動関数は(11.22)より以下のように計算できる．

$$\Psi_1(x) = \phi_1(x) + \sum_{m=2}^{\infty}\frac{V'_{m1}}{E_1 - E_m}\phi_m(x) \quad (11.32)$$

ここで，無摂動系のエネルギー E_m は，(3.15)によって与えられるので，さらに以下のように計算できる．

$$\Psi_1 = \sqrt{\frac{2}{L}} \sin\left(\frac{\pi}{L}x\right)$$
$$+ \sum_{m=2}^{\infty} \frac{1}{E_1(1-m^2)} \frac{2V_0}{\pi} \left[\frac{1}{1-m} \sin\left\{\frac{(1-m)\pi d}{2L}\right\} \cos\left\{\frac{(1-m)\pi}{2}\right\} \right.$$
$$\left. - \frac{1}{1+m} \sin\left\{\frac{(1+m)\pi d}{2L}\right\} \cos\left\{\frac{(1+m)\pi}{2}\right\} \right] \sqrt{\frac{2}{L}} \sin\left(\frac{m\pi}{L}x\right)$$
$$= \sqrt{\frac{2}{L}} \left[\sin\left(\frac{\pi}{L}x\right) + \frac{2}{\pi} \frac{V_0}{E_1} \sum_{m=2}^{\infty} \frac{\sin(m\pi/2)}{1-m^2} \left\{ \frac{1}{1-m} \sin\left(\frac{(1-m)\pi}{2} \frac{d}{L}\right) \right. \right.$$
$$\left. \left. + \frac{1}{1+m} \sin\left(\frac{(1+m)\pi}{2} \frac{d}{L}\right) \right\} \sin\left(\frac{m\pi}{L}x\right) \right]$$
(11.33)

ただし，1段目から2段目へと移る際，$\cos\{(1\pm m)\pi/2\} = \mp\sin(m\pi/2)$ を用いた．なお，因子 $\sin(m\pi/2)$ は m が偶数のとき 0，奇数のとき 1 か -1 である．

したがって，(11.33)中の m に対する和は奇数項に対してのみ取ればよい．これらを考慮し，V_0/E_1 および d/L をパラメーターとして与えると摂動系波動関数は数値計算可能である．そこで，計算結果の一例を図 11.2 に示す．

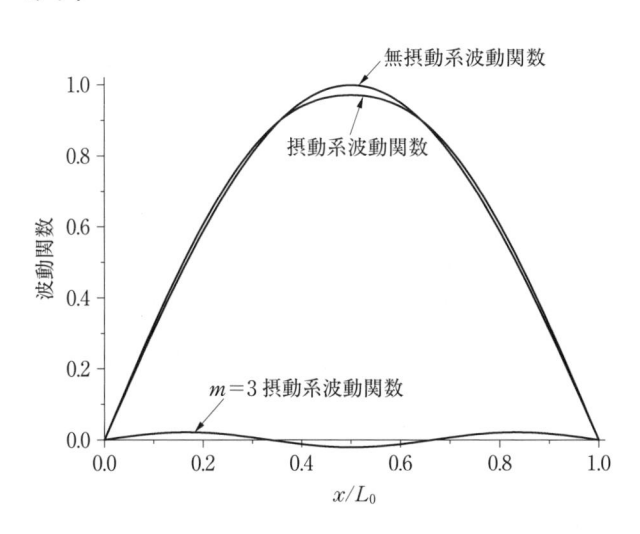

図 11.2 摂動系波動関数（$V_0/E_1=0.5$, $d/L=0.2$）と無摂動系波動関数

これを見ると，(11.33)における m に関する和は $m = 3, 5, 7, 9, 11$ と取ったが，ここまでで十分に収束している．図 11.2 中には摂動項としては $m = 3$ のみを示したが，それよりも高次の項は図中では識別不可能なため省略した．また摂動系波動関数は，摂動ポテンシャルの影響を受けて中央付近が少しへこんでいるのがわかる．

このような数値計算は本格的には Fortran や C 言語などを用いて行うが，この計算は標準的な表計算ソフトを用いて簡単に行うことができた．

◀ 例題 22 ▶ (11.29) を証明せよ．

解答

$$V'_{nm} = \langle \phi_n | \mathcal{H}' | \phi_m \rangle = \int_0^L \phi_n^*(x)\, V'(x)\, \phi_m(x)\, dx$$

$$= \int_{(L-d)/2}^{(L+d)/2} \sqrt{\frac{2}{L}} \sin\left(\frac{n\pi}{L} x\right) V_0 \sqrt{\frac{2}{L}} \sin\left(\frac{m\pi}{L} x\right) dx$$

$$= \frac{2V_0}{L} \int_{(L-d)/2}^{(L+d)/2} \frac{1}{2} \left[\cos\left\{\frac{(n-m)\pi}{L} x\right\} - \cos\left\{\frac{(n+m)\pi}{L} x\right\}\right] dx$$

$$= \frac{V_0}{\pi} \left[\frac{1}{n-m} \left\{\sin\left(\frac{(n-m)\pi}{L} \frac{L+d}{2}\right) - \sin\left(\frac{(n-m)\pi}{L} \frac{L-d}{2}\right)\right\} \right.$$

$$\left. - \frac{1}{n+m} \left\{\sin\left(\frac{(n+m)\pi}{L} \frac{L+d}{2}\right) - \sin\left(\frac{(n+m)\pi}{L} \frac{L-d}{2}\right)\right\}\right]$$

$$= \frac{2V_0}{\pi} \left[\frac{1}{n-m} \sin\left\{\frac{(n-m)\pi d}{2L}\right\} \cos\left\{\frac{(n-m)\pi}{2}\right\} \right.$$

$$\left. - \frac{1}{n+m} \sin\left\{\frac{(n+m)\pi d}{2L}\right\} \cos\left\{\frac{(n+m)\pi}{2}\right\}\right]$$

ただし，計算の途中で

$$\sin\alpha \sin\beta = \frac{1}{2}\{\cos(\alpha - \beta) - \cos(\alpha + \beta)\}$$

$$\sin\beta \cos\alpha = \frac{1}{2}\{\sin(\alpha + \beta) - \sin(\alpha - \beta)\}$$

を用いた．

第11章のポイント確認

1. 摂動論について理解できた．また，その際用いる公式について理解できた．
2. 摂動公式を応用し，難解な問題の解を求める方法について理解できた．

付録 A 黒体輻射の公式の導出

A.1 状態密度

ここでは空洞内での電磁波の状態密度について説明する．簡単のためにまず，長さ L の 1 次元の空洞内での波長 λ の電磁波を考えると，定在波ができる条件は，

$$\frac{\lambda}{2}n = L \quad (n=1,2,3,\cdots) \tag{A.1}$$

と書ける．ここで振動数を ν，光速度を c とすると，

$$c = \nu\lambda \tag{A.2}$$

の関係があるので，(A.1)は以下のように書ける．

$$\nu = \frac{c}{2L}n \quad (n=1,2,3,\cdots) \tag{A.3}$$

これを 3 次元に拡張すると，1 辺 L の立方体状空洞内に定在波ができる条件は，

$$\nu_x = \frac{c}{2L}n_x \quad (n_x = 1,2,3,\cdots)$$

$$\nu_y = \frac{c}{2L}n_y \quad (n_y = 1,2,3,\cdots)$$

$$\nu_z = \frac{c}{2L}n_z \quad (n_z = 1,2,3,\cdots)$$

のように書ける．したがって，x, y, z 軸にそれぞれ ν_x, ν_y, ν_z を取り，許される点をプロットすると，結果は格子間隔が $c/2L$ の単純立方格子となる．すなわち，この空間内では体積 $(c/2L)^3$ 当り 1 個の状態が存在する[1]．

そこで，原点を中心とした半径 ν の球を考えた際，$\nu_x \geq 0$, $\nu_y \geq 0$, $\nu_z \geq 0$ の領域中の許される点の数を N とすると

$$N = \frac{\frac{1}{8} \times \frac{4}{3}\pi\nu^3}{\left(\frac{c}{2L}\right)^3} \tag{A.4}$$

---

[1] 格子定数 a の単純立方格子の単位格子中には，各コーナーに 1/8 個の格子点があるので，立方体内部には $(1/8) \times 8 = 1$ 個の格子点が存在する．

と書ける．したがって波の偏光[2]も考慮すると，単位体積当りの状態密度は

$$g(\nu) = \frac{2 \times \dfrac{dN}{d\nu}}{L^3} = \frac{8\pi\nu^2}{c^3} \tag{A.5}$$

となる．ここでは空洞を立方体に限定したが，実際には任意の形の空洞に対しても同一の式が成り立つことが証明できる．

A.2 レイリー‐ジーンズの式

古典統計力学によれば，温度 T において電磁波のエネルギーが E と $E + dE$ の間の値を取る確率は，**マックスウェル‐ボルツマン分布**を用いて

$$P(E, T) \propto e^{-E/k_B T} dE \tag{A.6}$$

により表される．

ここで，分布関数を規格化すると (A.6) は

$$P(E, T) = \frac{e^{-E/k_B T} dE}{\displaystyle\int_0^\infty e^{-E/k_B T} dE} \tag{A.7}$$

となる．この確率を用いて平均エネルギーを計算すると，

$$\langle E \rangle_c = \frac{\displaystyle\int_0^\infty E e^{-E/k_B T} dE}{\displaystyle\int_0^\infty e^{-E/k_B T} dE} = \frac{(k_B T)^2 \displaystyle\int_0^\infty x e^{-x} dx}{k_B T \displaystyle\int_0^\infty e^{-x} dx} = k_B T \tag{A.8}$$

のようになる[3]．

(A.8) に (A.5) で示した状態密度を掛けると，

$$\rho_c(\nu, T) = \frac{8\pi\nu^2}{c^3} k_B T \tag{A.9}$$

のように振動数 ν の空洞放射のエネルギー密度が求まる．これがレイリー‐ジーンズの式である[4]．

---

2) 電磁波は横波であり，振幅の方向は波の進行方向に垂直である．したがって，許される 1 つの格子点当り 2 個の状態が存在する．

3) $a > 0$ のとき，$\displaystyle\int_0^\infty e^{-ax} dx = \frac{1}{a}$, $\displaystyle\int_0^\infty x e^{-ax} dx = -\frac{d}{da} \int_0^\infty e^{-ax} dx = \frac{1}{a^2}$

4) 添え字の c は連続 (continuous) を意味する．

A.3 プランクの式

(A.8)の導出は，エネルギーを連続量と見なして行われた．これに対しプランクは，振動数 ν の電磁波のエネルギーを

$$E_n = nh\nu \quad (n = 0, 1, 2, \cdots) \tag{A.10}$$

のように離散値と仮定した．

この場合 $h\nu/k_B T = x$ とおくと，平均エネルギーは

$$\langle E \rangle_\mathrm{d} = \frac{\sum\limits_{n=0}^{\infty} E_n e^{-nh\nu/k_B T}}{\sum\limits_{n=0}^{\infty} e^{-nh\nu/k_B T}} = \frac{h\nu \sum\limits_{n=0}^{\infty} n e^{-nx}}{\sum\limits_{n=0}^{\infty} e^{-nx}} = \frac{-h\nu \dfrac{d}{dx} \sum\limits_{n=0}^{\infty} e^{-nx}}{\sum\limits_{n=0}^{\infty} e^{-nx}} \tag{A.11}$$

のように表される．さらに，等比級数の公式 $\sum\limits_{n=0}^{\infty} r^n = 1/(1-r)$ ($|r|<1$) を用いると

$$\langle E \rangle_\mathrm{d} = \frac{-h\nu \dfrac{d}{dx}\left(\dfrac{1}{1-e^{-x}}\right)}{\dfrac{1}{1-e^{-x}}} = \frac{h\nu e^{-x}}{1-e^{-x}} = \frac{h\nu}{e^{h\nu/k_B T}-1} \tag{A.12}$$

のようになる．

これに(A.5)で示した状態密度を掛けると，エネルギー密度が

$$\rho_\mathrm{d}(\nu, T) = g(\nu)\langle E \rangle_\mathrm{d} = \frac{8\pi \nu^2}{c^3} \frac{h\nu}{e^{h\nu/k_B T}-1} \tag{A.13}$$

のように求まる[5]．これがプランクの式である．

付録B　ルジャンドール関数

B.1　分離定数 C_1

(5.5)中に現れた分離定数 C_1 に関して補足する．そのため，(5.17)での Θ を

$$\Theta(x) = \sum_{n=0}^{\infty} a_n x^{n+k} \quad (a_0 \neq 0,\ k \geq 0) \tag{B.1}$$

---

5) 添え字の d は不連続（discrete）を意味する．

のように級数展開する．ここで $a_0 \neq 0$ としたのは，最低次の項の係数を a_0 とするためである．また，$k \geq 0$ としたのは $x = 0$ における発散を避けるためである．

まず最初に，(B.1)を(5.17)に代入し，$m = 0$ とすると以下を得る．
$$(1-x^2)\sum_{n=0}^{\infty}(n+k)(n+k-1)a_n x^{n+k-2}$$
$$-2x\sum_{n=0}^{\infty}(n+k)a_n x^{n+k-1} + C_1\sum_{n=0}^{\infty}a_n x^{n+k} = 0$$

ここで第1項の x^2 および第2項の $2x$ を，和の中へ入れて第3項とまとめると
$$\sum_{n=0}^{\infty}(n+k)(n+k-1)a_n x^{n+k-2} + \sum_{n=0}^{\infty}\{C_1 - (n+k)(n+k+1)\}a_n x^{n+k} = 0$$
を得る．さらに，第1項において x^{k-2} および x^{k-1} の項を独立させると
$$k(k-1)a_0 x^{k-2} + k(k+1)a_1 x^{k-1}$$
$$+ \sum_{n=2}^{\infty}(n+k)(n+k-1)a_n x^{n+k-2} + \sum_{n=0}^{\infty}\{C_1 - (n+k)(n+k+1)\}a_n x^{n+k} = 0$$
となる．

ここで，第3項と第4項をまとめると
$$k(k-1)a_0 x^{k-2} + k(k+1)a_1 x^{k-1}$$
$$+ \sum_{n=0}^{\infty}[(n+k+2)(n+k+1)a_{n+2} + \{C_1 - (n+k)(n+k+1)\}a_n]x^{n+k} = 0$$
と書け，これが任意の x に関して成り立つためには以下が必要となる．

$$k(k-1)a_0 = 0 \tag{B.2}$$

$$k(k+1)a_1 = 0 \tag{B.3}$$

$$(n+k+2)(n+k+1)a_{n+2} + \{C_1 - (n+k)(n+k+1)\}a_n = 0 \tag{B.4}$$

なお，$a_0 \neq 0$ であり，(B.2)より $k = 1$ or 0 である．以下で，両者を調べる．

まず，$k = 0$ の場合(B.4)は
$$a_{n+2} = \frac{(n+1)n - C_1}{(n+2)(n+1)}a_n \tag{B.5}$$

と書ける．これを用いれば a_0 および a_1 から始め，$a_0 \to a_2 \to a_4 \to \cdots$ および $a_1 \to a_3 \to a_5 \to \cdots$ のように係数が連鎖的に決まる．

例えば，a_0 より始めると

$$a_2 = -\frac{C_1}{2}a_0$$

$$a_4 = \frac{6-C_1}{12}a_2 = \frac{C_1(C_1-6)}{24}a_0 \qquad (B.6)$$

$$a_6 = \frac{20-C_1}{30}a_4 = -\frac{C_1(C_1-6)(C_1-20)}{720}a_0$$

を得る.

また, a_1 より始めると

$$a_3 = \frac{2-C_1}{6}a_1$$

$$a_5 = \frac{12-C_1}{20}a_3 = \frac{(12-C_1)(2-C_1)}{120}a_1 \qquad (B.7)$$

$$a_7 = \frac{30-C_1}{42}a_5 = \frac{(30-C_1)(12-C_1)(2-C_1)}{5040}a_1$$

を得る.

よって,

$$\Theta(x) = a_0\Big[1 - \frac{C_1}{2}x^2 + \frac{C_1(C_1-6)}{24}x^4 - \frac{C_1(C_1-6)(C_1-20)}{720}x^6 + \cdots\cdots\Big]$$

$$+ a_1\Big[-\frac{C_1-2}{6}x + \frac{(C_1-2)(C_1-12)}{120}x^3$$

$$-\frac{(C_1-2)(C_1-12)(C_1-30)}{5040}x^5 + \cdots\cdots\Big]$$

となる.

次に, $k=1$ の場合 (B.4) は

$$a_{n+2} = \frac{(n+2)(n+1) - C_1}{(n+3)(n+2)}a_n \qquad (B.8)$$

と書ける.

この場合, (B.3) より $a_1 = 0$ であるので,

$$a_1 = a_3 = a_5 = \cdots\cdots = 0 \qquad (B.9)$$

となる.

また, a_0 から始めると

$$a_2 = \frac{2 - C_1}{6} a_0$$

$$a_4 = \frac{12 - C_1}{20} a_2 = \frac{(2 - C_1)(12 - C_1)}{120} a_0$$

$$a_6 = \frac{30 - C_1}{42} a_4 = \frac{(2 - C_1)(12 - C_1)(30 - C_1)}{5040} a_0$$

(B.10)

を得る．

よって，

$$\Theta(x) = a_0 x \Big[1 - \frac{C_1 - 2}{6} x^2 + \frac{(C_1 - 2)(C_1 - 12)}{120} x^4$$

$$- \frac{(C_1 - 2)(C_1 - 12)(C_1 - 30)}{5040} x^6 + \cdots \Big]$$

(B.11)

を得る．

ところで，(B.5)および(B.8)を見ると $k = 0$ と 1 の両方について

$$\lim_{n \to \infty} \left| \frac{a_{n+2}}{a_n} \right| = 1$$

(B.12)

が成り立つことがわかる．これは，$\Theta(x)$ が無限級数であれば，$x = \pm 1$ で発散することを意味する．これを避けるためには，(B.5)や(B.8)で表される無限の連鎖をどこかで断ち切れば良い．

再び $k = 0$ の場合に戻り，(B.6)および(B.7)の両方の系列の連鎖をどこかで断ち切ることを考える．しかし，そのために適切な C_1 を選ぼうとしても両方を満足する C_1 は存在しない．

例えば，$C_1 = 6$ とすると，偶数系列(B.6)は $a_4 = a_6 = a_8 = \cdots = 0$ となるが奇数系列(B.7)は無限級数となる．また，$C_1 = 12$ とすれば，$a_5 = a_7 = a_9 = \cdots = 0$ となるが，偶数系列は無限級数となる．そこで，a_0 か a_1 のどちらかをゼロとすれば，一方の系列は始めから存在しない．ここで，$a_0 \neq 0$ であったので，$a_1 = 0$ とすべきである．その上で，a_0 から始まる偶数系列をどこかで断ち切る C_1 を選択する．

一方，$k = 1$ の場合は，前述のように(B.3)より $a_1 = 0$ であるので，偶数系列

(B.10)を，どこかで断ち切る C_1 を選択すればよい．これらをまとめると，$k = 0$ の場合と $k = 1$ の場合の両方について，$a_1 = 0$ および

$$C_1 = l(l+1) \quad (l = 0, 1, 2, \cdots) \tag{B.13}$$

が成り立てば有限項の和で済み，関数 $\Theta(x)$ は $x = \pm 1$ で発散しなくなる[6]．

B.2　ルジャンドール多項式

(5.17)で $C_1 = l(l+1)$ および $m = 0$ とし，解を $P_l(x)$ とすると

$$(1-x^2)\frac{d^2 P_l}{dx^2} - 2x\frac{dP_l}{dx} + l(l+1)P_l = 0 \quad (l = 0, 1, 2, \cdots) \tag{B.14}$$

となる．

この式をライプニッツ（Leibniz）の公式

$$\frac{d^m}{dx^m}\{f(x)g(x)\} = \sum_{n=0}^{m} {}_mC_n \frac{d^{m-n}}{dx^{m-n}}f(x)\frac{d^n}{dx^n}g(x) \tag{B.15}$$

を用いて m 回微分すると，各項は

$$(\text{第 1 項}) = {}_mC_{m-2}\frac{d^2}{dx^2}(1-x^2)\frac{d^m}{dx^m}P_l + {}_mC_{m-1}\frac{d}{dx}(1-x^2)\frac{d^{m+1}}{dx^{m+1}}P_l$$

$$+ {}_mC_m(1-x^2)\frac{d^{m+2}}{dx^{m+2}}P_l$$

$$(\text{第 2 項}) = -2{}_mC_{m-1}\frac{dx}{dx}\frac{d^m}{dx^m}P_l - 2x\,{}_mC_m\frac{d^{m+1}}{dx^{m+1}}P_l$$

$$(\text{第 3 項}) = l(l+1)\frac{d^m}{dx^m}P_l$$

となるので，和を取ると

$$(1-x^2)\frac{d^{m+2}P_l}{dx^{m+2}} - 2x(m+1)\frac{d^{m+1}P_l}{dx^{m+1}} + (l-m)(l+m+1)\frac{d^m P_l}{dx^m} = 0 \tag{B.16}$$

---

[6] 正確には $k = 0$ のとき $C_1 = 0, 6, 20, \cdots$，$k = 1$ のとき $C_1 = 2, 12, 30, \cdots$ である．すなわち，l が偶数のとき $k = 0$ であり，奇数のとき $k = 1$ である．

を得る[7].

次に,
$$P_l^m(x) = (1-x^2)^{m/2} \frac{d^m P_l(x)}{dx^m} \quad (B.17)$$

で定義される関数 $P_l^m(x)$ を導入すると, 関数 P_l の微分は

$$\frac{d^m P_l}{dx^m} = (1-x^2)^{-m/2} P_l^m$$

$$\frac{d^{m+1} P_l}{dx^{m+1}} = (1-x^2)^{-m/2} \left(\frac{dP_l^m}{dx} + \frac{mx}{1-x^2} P_l^m \right)$$

$$\frac{d^{m+2} P_l}{dx^{m+2}} = (1-x^2)^{-m/2} \left[\frac{d^2 P_l^m}{dx^2} + \frac{2mx}{1-x^2} \frac{dP_l^m}{dx} + \left\{ \frac{m}{1-x^2} + \frac{m(m+2)x^2}{(1-x^2)^2} \right\} P_l^m \right]$$

となる.

これらを (B.16) に代入すると

$$(1-x^2) \frac{d^2 P_l^m}{dx^2} - 2x \frac{dP_l^m}{dx} + \left\{ l(l+1) - \frac{m^2}{1-x^2} \right\} P_l^m = 0 \quad (B.18)$$

を得る. この式は (5.20) と完全に一致する. すなわち, $P_l^m(x)$ が, (5.20) の解である.

なお, 展開式における最高次数項は x^l であるので, (B.17) において l は

$$l \geq |m| \quad (B.19)$$

である. ここで, (B.14) をルジャンドールの微分方程式とよび, 解 $P_l(x)$ をルジャンドール多項式とよぶ. また, (B.17) をルジャンドールの陪微分方程式とよび, 解 $P_l^m(x)$ をルジャンドール陪多項式とよぶ.

B.3 ルジャンドール多項式の直交性

(B.14) を変形すると

$$\frac{d}{dx} \left\{ (1-x^2) \frac{dP_l}{dx} \right\} + l(l+1) P_l = 0 \quad (B.20)$$

と書ける. これに P_m を掛けて -1 から $+1$ まで積分すると

---

[7] $_mC_n = m!/\{(m-n)!n!\}$ である.

$$\int_{-1}^{+1} P_m \left[\frac{d}{dx} \left\{ (1-x^2) \frac{dP_l}{dx} \right\} + l(l+1) P_l \right] dx$$
$$= \left[(1-x^2) P_m \frac{dP_l}{dx} \right]_{-1}^{+1} + \int_{-1}^{+1} (1-x^2) \frac{dP_m}{dx} \frac{dP_l}{dx} dx + l(l+1) \int_{-1}^{+1} P_m P_l dx = 0$$

のようになる．

ここで，$P_l(x)$ およびその微分は $x = \pm 1$ で発散しないとすると

$$\left[(1-x^2) P_m \frac{dP_l}{dx} \right]_{-1}^{+1} = 0$$

であるので

$$\int_{-1}^{+1} (1-x^2) \frac{dP_m}{dx} \frac{dP_l}{dx} dx + l(l+1) \int_{-1}^{+1} P_m P_l dx = 0 \quad \text{(B.21)}$$

が成り立つ．この式は，l と m を交換しても成り立つので両者の差を取ると

$$\{l(l+1) - m(m+1)\} \int_{-1}^{+1} P_m P_l dx = 0 \quad \text{(B.22)}$$

が成り立つ．

すなわち，ルジャンドール多項式は以下のような直交性を持つ．

$$\int_{-1}^{+1} P_m(x) P_l(x) dx = 0 \quad (l \neq m) \quad \text{(B.23)}$$

B.4 ルジャンドール多項式の母関数

関数 $f(r)$ を以下のように展開することを考える．

$$f(r) = \frac{1}{\sqrt{1 - 2rx + r^2}} = \sum_{l=0}^{\infty} p_l(x) r^l \quad \text{(B.24)}$$

ここで $p_l(x)$ は展開係数であり，$f(r)$ の**母関数**（generating function）とよばれる．これが (B.14) を満たすことが，以下のように証明できる．

まず，(B.24) を r で対数微分[8]すると

$$\frac{x - r}{1 - 2rx + r^2} = \frac{\sum_{l=1}^{\infty} l p_l r^{l-1}}{\sum_{l=0}^{\infty} p_l r^l} \quad \text{(B.25)}$$

---

[8] 対数微分とは，対数を取ってから微分することである．例えば，関数 $F(x)$ の対数微分は $(d/dx) \log F(x) = \{dF(x)/dx\}/F(x)$ のように書ける．

となる．これより
$$(x-r)\sum_{l=0}^{\infty}p_l r^l = (1-2rx+r^2)\sum_{l=1}^{\infty}lp_l r^{l-1} \tag{B.26}$$
が成り立つことがわかる．

この式は
$$x\sum_{l=0}^{\infty}p_l r^l - \sum_{l=0}^{\infty}p_l r^{l+1} = \sum_{l=1}^{\infty}lp_l r^{l-1} - 2x\sum_{l=1}^{\infty}lp_l r^l + \sum_{l=1}^{\infty}lp_l r^{l+1}$$
のように書けるが，左辺第2項で $l+1=m$，右辺第1項で $l-1=n$，右辺第3項で $l+1=k$ とすると
$$x\sum_{l=0}^{\infty}p_l r^l - \sum_{m=1}^{\infty}p_{m-1}r^m - \sum_{n=0}^{\infty}(n+1)p_{n+1}r^n + 2x\sum_{l=1}^{\infty}lp_l r^l - \sum_{k=2}^{\infty}(k-1)p_{k-1}r^k = 0$$
となる．ここで，m, n, k を再び l とおいて各項をまとめると
$$-p_1 + xp_0 - \sum_{l=1}^{\infty}\{(l+1)p_{l+1} - (2l+1)xp_l + lp_{l-1}\}r^l = 0$$
となり，各次数の係数をゼロとおくと
$$-p_1 + xp_0 = 0 \tag{B.27}$$
$$(l+1)p_{l+1} - (2l+1)xp_l + lp_{l-1} = 0 \quad (l \geq 1) \tag{B.28}$$
のように p_l に関する漸化式が得られる．

次に，(B.24) を x で対数微分すると
$$\frac{r}{1-2rx+r^2} = \frac{\sum_{l=0}^{\infty}p_l' r^l}{\sum_{l=0}^{\infty}p_l r^l} \tag{B.29}$$
となる．ただし，p_l' は dp_l/dx を表す．これより，
$$r\sum_{l=0}^{\infty}p_l r^l = (1-2rx+r^2)\sum_{l=0}^{\infty}p_l' r^l \tag{B.30}$$
が成り立つことがわかる．よって，
$$p_0' + (p_1' - 2xp_0' - p_0)r + \sum_{l=2}^{\infty}(p_l' - 2xp_{l-1}' + p_{l-2}' - p_{l-1})r^l = 0$$
が得られ，各次数の係数をゼロとおくと
$$p_0' = 0 \tag{B.31}$$
$$p_1' - 2xp_0' - p_0 = 0 \tag{B.32}$$
$$p_l' - 2xp_{l-1}' + p_{l-2}' - p_{l-1} = 0 \quad (l \geq 2) \tag{B.33}$$
となる．これも p_l に関する漸化式であるが，この場合は微分を含んでいる．

2種類の漸化式が導出できたので，(B.28) を x で微分した式および (B.33) で

付録B ルジャンドール関数

$l \to l+1$ とした式を，

$$(l+1)p'_{l+1} - (2l+1)xp'_l + lp'_{l-1} - (2l+1)p_l = 0 \tag{B.34}$$

$$p'_{l+1} - 2xp'_l + p'_{l-1} - p_l = 0 \tag{B.35}$$

のように連立させて以下の計算を試みる．

まず，p'_{l-1} および p'_{l+1} を消去すると以下の2式を得る．

$$p'_{l+1} - xp'_l - (l+1)p_l = 0 \tag{B.36}$$

$$xp'_l - p'_{l-1} - lp_l = 0 \tag{B.37}$$

次に，(B.36)において $l+1 \to l$ とした式と(B.37)より p'_{l-1} を消去すると

$$p'_l - xp'_{l-1} - lp_{l-1} = p'_l - x(xp'_l - lp_l) - lp_{l-1}$$
$$= (1-x^2)p'_l + l(xp_l - p_{l-1}) = 0 \tag{B.38}$$

が得られる．

さらに，これを x で微分すると

$$\frac{d}{dx}\left\{(1-x^2)\frac{d}{dx}p_l\right\} = -l\frac{d}{dx}(xp_l - p_{l-1}) \tag{B.39}$$

が得られる．ここで再度(B.37)を用いて右辺の p'_{l-1} を消去すると

$$\frac{d}{dx}\left\{(1-x^2)\frac{d}{dx}p_l\right\} = -l(l+1)p_l \tag{B.40}$$

を得る．

これは(B.20)と同じ式であり，$p_l(x)$ はルジャンドール多項式 $P_l(x)$ そのものであることがわかる．すなわち，(B.24)に示した関数 $f(r)$ の母関数は，ルジャンドール多項式であるとことがわかる．

B.5　ルジャンドール多項式の規格直交性

(B.24)の p_l を，ルジャンドール多項式 P_l そのものとし，それを2乗して -1 から $+1$ まで x で積分すると

$$\int_{-1}^{+1} \frac{dx}{1-2rx+r^2} = \int_{-1}^{+1} \sum_{l=0}^{\infty} P_l(x)\, r^l \sum_{m=0}^{\infty} P_m(x)\, r^m\, dx \tag{B.41}$$

と書けるが，この式の左辺と右辺は以下のように計算できる．

$$\text{左辺} = -\frac{1}{2r}\left[\log(1-2rx+r^2)\right]_{-1}^{+1} = -\frac{1}{2r}\log\frac{(1-r)^2}{(1+r)^2}$$

$$= \frac{\log(1+r)-\log(1-r)}{r}$$

$$= 2\left(1+\frac{r^2}{3}+\frac{r^4}{5}+\cdots+\frac{1}{2l+1}r^{2l}+\cdots\right)$$

$$\text{右辺} = \sum_{l=0}^{\infty}\sum_{m=0}^{\infty}\int_{-1}^{+1}P_l(x)P_m(x)\,dx\,r^{l+m} = \sum_{l=0}^{\infty}\int_{-1}^{+1}\{P_l(x)\}^2\,dx\,r^{2l}$$

ただし，左辺には，展開公式

$$\log(1\pm x) = \pm x - \frac{1}{2}x^2 \pm \frac{1}{3}x^3 - \frac{1}{4}x^4 \pm \frac{1}{5}x^5 - \cdots$$

を用いた．また，右辺の変形には(B.23)を用いた．よって(B.41)は，

$$\sum_{l=0}^{\infty}\left[\int_{-1}^{+1}\{P_l(x)\}^2\,dx - \frac{2}{2l+1}\right]r^{2l} = 0$$

と書ける．この式が任意の r に対して成り立つためには

$$\int_{-1}^{+1}\{P_l(x)\}^2\,dx = \frac{2}{2l+1}$$

であり，最終的に P_l は(B.23)と合わせて

$$\int_{-1}^{+1}P_l(x)\,P_m(x)\,dx = \frac{2}{2l+1}\delta_{lm} \quad (B.42)$$

のような性質を持つことがわかる．

ルジャンドール多項式を含んだ波動関数の規格直交性は，この式を用いて議論することができる．

B.6　ルジャンドール陪多項式の規格直交性

(B.18)を変形し

$$\frac{d}{dx}\left\{(1-x^2)\frac{dP_l^m(x)}{dx}\right\} + \left\{l(l+1) - \frac{m^2}{1-x^2}\right\}P_l^m(x) = 0 \quad (B.43)$$

とした式より始めると，ルジャンドール陪多項式の直交性も証明できる．

まず，この式に $P_n^k(x)$ を掛けて -1 から $+1$ まで積分すると

$$\int_{-1}^{+1} P_n^k(x) \left[\frac{d}{dx} \left\{ (1-x^2) \frac{dP_l^m(x)}{dx} \right\} + \left\{ l(l+1) - \frac{m^2}{1-x^2} \right\} P_l^m(x) \right] dx = 0$$
(B.44)

となる．これは部分積分により

$$\left[(1-x^2) P_n^k \frac{dP_l^m}{dx} \right]_{-1}^{+1}$$
$$- \int_{-1}^{+1} (1-x^2) \frac{dP_n^k}{dx} \frac{dP_l^m}{dx} dx + \int_{-1}^{+1} \left\{ l(l+1) - \frac{m^2}{1-x^2} \right\} P_n^k P_l^m dx = 0$$

と書けるが，左辺第 1 項はゼロになるので，残りの部分を $I_{nk,lm}$ と命名すると

$$I_{nk,lm} = -\int_{-1}^{+1} (1-x^2) \frac{dP_n^k}{dx} \frac{dP_l^m}{dx} dx + \int_{-1}^{+1} \left\{ l(l+1) - \frac{m^2}{1-x^2} \right\} P_n^k P_l^m dx = 0$$
(B.45)

となる．

そこで，$I_{nm,lm}$ と $I_{lm,nm}$ の差を取ると

$$I_{nm,lm} - I_{lm,nm} = \{l(l+1) - n(n+1)\} \int_{-1}^{+1} P_n^m P_l^m dx = 0 \quad (B.46)$$

となり，

$$\int_{-1}^{+1} P_n^m(x) P_l^m(x) dx = 0 \quad (l \neq n) \tag{B.47}$$

が得られる．

次に，(B.17) を x で微分すると

$$\frac{d}{dx} P_l^m(x) = -mx(1-x^2)^{(m-2)/2} \frac{d^m}{dx^m} P_l(x) + (1-x^2)^{m/2} \frac{d^{m+1}}{dx^{m+1}} P_l(x)$$
$$= -mx(1-x^2)^{-1} P_l^m(x) + (1-x^2)^{-1/2} P_l^{m+1}(x)$$

となり，これより

$$P_l^{m+1}(x) = (1-x^2)^{1/2} \frac{d}{dx} P_l^m(x) + mx(1-x^2)^{-1/2} P_l^m(x)$$

を得る．

そこで，$P_l^{m+1}(x)$ を 2 乗して -1 から $+1$ まで積分すると

$$\int_{-1}^{+1} (P_l^{m+1})^2 dx = \int_{-1}^{+1} (1-x^2) \left(\frac{dP_l^m}{dx} \right)^2 dx$$

$$+ 2m \int_{-1}^{+1} x P_l^m \frac{dP_l^m}{dx} dx + m^2 \int_{-1}^{+1} \frac{x^2}{1-x^2} (P_l^m)^2 dx \tag{B.48}$$

となる．

ここで右辺第 1 項は，部分積分により

$$\text{右辺第 1 項} = \left[P_l^m (1-x^2) \frac{dP_l^m}{dx} \right]_{-1}^{+1} - \int_{-1}^{+1} P_l^m \frac{d}{dx} \left\{ (1-x^2) \frac{dP_l^m}{dx} \right\} dx$$

$$= \int_{-1}^{+1} (P_l^m)^2 \left\{ l(l+1) - \frac{m^2}{1-x^2} \right\} dx$$

のようになる．ただし，(B.43) を用いた．また，右辺第 2 項も

$$\text{右辺第 2 項} = m \int_{-1}^{+1} x \frac{d}{dx} (P_l^m)^2 dx = m \left[(P_l^m)^2 \right]_{-1}^{+1} - m \int_{-1}^{+1} (P_l^m)^2 dx$$

$$= -m \int_{-1}^{+1} (P_l^m)^2 dx$$

となる．

これらのことより (B.48) は，

$$\int_{-1}^{+1} (P_l^{m+1})^2 dx = \int_{-1}^{+1} (P_l^m)^2 \left\{ l(l+1) - \frac{m^2}{1-x^2} \right\} dx$$

$$- m \int_{-1}^{+1} (P_l^m)^2 dx + m^2 \int_{-1}^{+1} \frac{x^2}{1-x^2} (P_l^m)^2 dx$$

$$= (l-m)(l+m+1) \int_{-1}^{+1} (P_l^m)^2 dx$$

と書ける．

よって，左辺を J_l^{m+1} と命名すると

$$J_l^{m+1} = (l-m)(l+m+1) J_l^m \tag{B.49}$$

と書ける．そこで，逐次この式を使うと

$$J_l^m = (l-m-1)(l+m) J_l^{m-1}$$

$$= (l-m-1)(l+m)(l-m-2)(l+m-1) J_l^{m-2}$$

$$= (l-m-1)(l+m)(l-m-2)(l+m-1)(l-m-3)(l+m-2) J_l^{m-3}$$

となる．そして結局

$$J_l^m = \frac{(l+m)!}{(l-m)!} J_l^0 \tag{B.50}$$

を得る.

ここで, (B.42)により $J_l^0 = 2/(2l+1)$ であるので

$$\int_{-1}^{+1} \{P_l^m(x)\}^2 dx = \frac{2}{2l+1} \frac{(l+m)!}{(l-m)!} \tag{B.51}$$

を得る. よって, (B.47)と(B.51)を合わせ, 以下を得る.

$$\int_{-1}^{+1} P_n^m(x) P_l^m(x) dx = \frac{2}{2l+1} \frac{(l+m)!}{(l-m)!} \delta_{nl} \tag{B.52}$$

付録C　ラゲール多項式

ここでは, (5.38)を実現するような L_p^q を, (5.37)の解として求めることを試みる. これらはラゲール多項式および陪多項式と関係している. そのために,

$$L_q^p(\rho) = \sum_{n=0}^{\infty} a_n \rho^{n+k} \quad (a_0 \neq 0, \ k \geq 0) \tag{C.1}$$

のような展開式を用いる. ここで, $a \neq 0$ なのは, 最低次の項の係数を a_0 とするためである. また $k \geq 0$ なのは, $\rho = 0$ において発散を生じさせないためである.

まず, (C.1)を(5.37)に代入すると

$$\rho \sum_{n=0}^{\infty}(n+k)(n+k-1)a_n\rho^{n+k-2} + (p+1-\rho)\sum_{n=0}^{\infty}(n+k)a_n\rho^{n+k-1}$$
$$+ (q-p)\sum_{n=0}^{\infty} a_n\rho^{n+k} = 0 \tag{C.2}$$

を得る. この式で, ρ が和の外に出ているが, これを中に入れて整理すると

$$\sum_{n=0}^{\infty}\{(n+k)(n+k-1) + (p+1)(n+k)\}a_n\rho^{n+k-1}$$
$$+ \sum_{n=0}^{\infty}\{-(n+k) + (q-p)\}a_n\rho^{n+k} = 0 \tag{C.3}$$

となる.

さらに第1項において, $n+k-1 = m+k$ とおくと

$$\sum_{m=-1}^{\infty} \{(m+k+1)(m+k) + (p+1)(m+k+1)\} a_n \rho^{m+k}$$
$$+ \sum_{n=0}^{\infty} (q-p-n-k) a_n \rho^{n+k} = 0 \qquad (C.4)$$

となる．また，第1項の最低次の項を独立させて，第1項と第2項をまとめると

$$k(k+p) a_0 \rho^{k-1}$$
$$+ \sum_{n=0}^{\infty} \{(n+k+1)(n+k+p+1) a_{n+1} + (q-p-n-k) a_n\} \rho^{n+k} = 0$$

となる．

したがって，この式が任意の ρ について成り立つためには

$$k(k+p) a_0 = 0 \qquad (C.5)$$
$$(n+k+p+1)(n+k+1) a_{n+1} - (n+k-q+p) a_n = 0 \qquad (C.6)$$

が成り立てばよい．なお，$a_0 \neq 0$，$k \geq 0$，$p > 0$ であるので，(C.5)を満たすのは $k=0$ のみである．

そこで $k=0$ を(C.6)に代入すると

$$a_{n+1} = \frac{n+p-q}{(n+p+1)(n+1)} a_n \qquad (C.7)$$

が成り立つ．ここで，$n+p$ は整数なので，q が $q \geq p$ の整数であれば $n+p-q = 0$ を満たす n が存在し，それよりも高次の係数はすべて0となる．

しかし q が整数でないか，あるいは整数であっても $q < p$ の場合は，展開式は無限級数となる．この場合，高次の項の係数は

$$a_{n+1} = \frac{1}{n} a_n \qquad (C.8)$$

の関係を持つ．これは $e^\rho = \sum_{n=0}^{\infty} \rho^n/n!$ の展開係数間の関係と一致する．

したがって q が整数ではないか，あるいは整数であっても $q<p$ の場合は，ρ が大きくなると $L_q^p(\rho)$ は漸近的に

$$L_q^p(\rho) \approx a_0 e^\rho \qquad (C.9)$$

となる．よって(5.35)で表される $R(\rho)$ は，ρ が大きくなると

$$R(\rho) \approx a_0 \rho^l e^{\rho/2} \qquad (C.10)$$

に近づいて発散する．

付録D 3次元問題での確率流密度

時間依存シュレディンガー方程式は

$$\left\{-\frac{\hbar^2}{2m}\nabla^2 + V(\boldsymbol{r})\right\}\Psi(\boldsymbol{r},t) = i\hbar\frac{\partial}{\partial t}\Psi(\boldsymbol{r},t) \tag{D.1}$$

と書ける.このとき,確率密度は

$$P(\boldsymbol{r},t) = |\Psi(\boldsymbol{r},t)|^2 \tag{D.2}$$

と表されるので,その時間微分は

$$\frac{\partial P}{\partial t} = \frac{\partial \Psi^*}{\partial t}\Psi + \Psi^*\frac{\partial \Psi}{\partial t} \tag{D.3}$$

となる.

ここで,(D.1)を $\partial\Psi/\partial t$ について解けば

$$\frac{\partial \Psi}{\partial t} = \frac{1}{i\hbar}\left(-\frac{\hbar^2}{2m}\nabla^2 + V\right)\Psi \tag{D.4}$$

となる.また,ポテンシャルを実関数として,この式の複素共役を取ると

$$\frac{\partial \Psi^*}{\partial t} = -\frac{1}{i\hbar}\left(-\frac{\hbar^2}{2m}\nabla^2 + V\right)\Psi^* \tag{D.5}$$

となる.

そこで,これらを(D.3)に代入すると

$$\frac{\partial P}{\partial t} = \frac{\hbar}{2im}(\Psi\nabla^2\Psi^* - \Psi^*\nabla^2\Psi) \tag{D.6}$$

となり,両辺を体積積分すると

$$\begin{aligned}\frac{\partial}{\partial t}\int P\,d\boldsymbol{r} &= \frac{\hbar}{2im}\int(\Psi\,\nabla^2\Psi^* - \Psi^*\,\nabla^2\Psi)\,d\boldsymbol{r}\\ &= \frac{\hbar}{2im}\int\nabla\cdot(\Psi\,\nabla\Psi^* - \Psi^*\,\nabla\Psi)\,d\boldsymbol{r}\\ &= \frac{\hbar}{2im}\int(\Psi\,\nabla\Psi^* - \Psi^*\,\nabla\Psi)\cdot d\boldsymbol{s}\end{aligned} \tag{D.7}$$

が得られる.

なお，**ガウス**（Gauss）**の定理**を用いたため，2段目の積分は面積積分である．その積分範囲は，左辺の体積積分における積分範囲に相当する表面である．ベクトル $d\bm{s}$ は面積積分における微小面積要素であり，積分範囲が囲む面の外側へ向かうベクトルである．

ここでベクトル

$$\bm{S}(\bm{r}, t) = \frac{\hbar}{2im}(\Psi^* \nabla \Psi - \Psi \nabla \Psi^*) \tag{D.8}$$

を定義すれば，(D.7)は

$$\frac{\partial}{\partial t}\int P(\bm{r}, t)\,d\bm{r} = -\int \bm{S}(\bm{r}, t)\cdot d\bm{s} \tag{D.9}$$

と書ける．この式の左辺は，体積積分の範囲内における確率の増加分を表すので右辺も同じ意味を持つはずである．そのためには，$\bm{S}$ は表面から流れ出る単位面積当りの確率を意味するべきである．すなわち，$\bm{S}$ は確率流密度を意味する．

付録E 完全系

3次元空間内においては，3つの互いに独立な直交する単位ベクトルを定義できる．そこで，このようなベクトルを，$\bm{a}_1, \bm{a}_2, \bm{a}_3$ と名づける．また，任意のベクトルを $\bm{r} = (x_1, x_2, x_3)$ とする．すると以下が成り立つ．

（i）　$\bm{a}_i \cdot \bm{a}_j = \delta_{ij}$
（ii）　$\bm{r} = x_1\bm{a}_1 + x_2\bm{a}_2 + x_3\bm{a}_3 = \sum_{i=1}^{3} x_i\bm{a}_i$
（iii）　$x_i = \bm{a}_i \cdot \bm{r}$

ここで，(i)は3つのベクトルが単位ベクトルであり，互いに直交することを意味している．すなわち3つのベクトルは，**規格直交系**（orthonormal set）をなしている．

また(ii)は，任意のベクトルが3つのベクトルの線形結合で表すことができることを意味している．いいかえると，任意のベクトルは3つのベクトルで展開

できることを意味している．

その際の展開係数は（iii）により求めることができる．もしも，（ii）のように3つのベクトルすべてを使わずに，1個か2個のみを使って任意のベクトルを展開しようとしても必ずそれができるとは限らない．3つすべてがそろって初めて任意のベクトルを必ず展開できる．このとき，この3つのベクトルは完全系をなすという．

これを（i）と合わせると，3つのベクトルは**完全規格直交系**（complete orthonormal set）をなしているといえる．

以上のことは次のように拡張できる．すなわち，関数 ϕ_i の集合 $\{\phi_i\}$ が完全規格直交系をなすとき，以下のことがいえる．

(i)′ $\langle \phi_i | \phi_j \rangle = \delta_{ij}$

(ii)′ $|\Psi\rangle = \sum_i c_i |\phi_i\rangle$

(iii)′ $c_i = \langle \phi_i | \Psi \rangle$

ここで，関数同士の内積はディラック表記を用いた積分で表した．(ii)′は，任意の関数が ϕ_i で展開できることを意味する．よって，関数 ϕ_i は（ii）における $\boldsymbol{a}_i$ と同様に，ベクトルであると解釈できる．

ところで，これらのことは量子力学とも深い関係がある．ディラックは観測可能な力学量をオブザーバブルとよんだ．そして，その量子力学的表現はエルミート演算子となり，その固有関数は完全系をなすと仮定した．本書でも示した通りエルミート演算子の固有値は実数であり，異なる固有関数に属する固有関数は直交する．したがって，オブザーバブルの規格化された固有関数は完全規格直交系をなすといえる．(i)′,(ii)′,(iii)′は量子力学において頻繁に現れる表現である．

なお，(ii)′,(iii)′より c_i を消去すると

$$|\Psi\rangle = \sum_i \langle \phi_i | \Psi \rangle |\phi_i\rangle = \left(\sum_i |\phi_i\rangle \langle \phi_i| \right) |\Psi\rangle$$

となる．これより

$$\sum_i |\phi_i\rangle \langle \phi_i| = 1$$

でなければならないことがわかる．これは，$\{\phi_i\}$ が完全系をなすための条件である．

付録 F　角運動量演算子の性質

角運動演算子 $\hat{l}_x, \hat{l}_y$ を用いて
$$\hat{l}_\pm = \hat{l}_x \pm i\hat{l}_y \tag{F.1}$$
を定義する．すると以下の交換関係が成り立つ．
$$[\hat{l}_z, \hat{l}_\pm] = [\hat{l}_z, \hat{l}_x] \pm i[\hat{l}_z, \hat{l}_y] = i\hbar\hat{l}_y \pm i(-i\hbar\hat{l}_x) = \pm\hbar\hat{l}_\pm \tag{F.2}$$
したがって，$[\hat{l}_z, \hat{l}_\pm]Y_l^m = \pm\hbar\hat{l}_\pm Y_l^m$ となり，これに $\hat{l}_z Y_l^m = m\hbar Y_l^m$ を用いると
$$\hat{l}_z \hat{l}_\pm Y_l^m = \hat{l}_\pm \hat{l}_z Y_l^m \pm \hbar\hat{l}_\pm Y_l^m = \hbar(m \pm 1)\hat{l}_\pm Y_l^m \tag{F.3}$$
を得る．

これを，$\hat{l}_z Y_l^m = \hbar m Y_l^m$ と比較すると
$$\hat{l}_\pm Y_l^m = C_\pm Y_l^{m\pm 1} \tag{F.4}$$
であることがわかる．ただし，$l < |m \pm 1|$ のとき $C_\pm = 0$ と考える．すなわち，$\hat{l}_\pm$ は Y_l^m のパラメーター m を ± 1 変化させる演算子であることがわかる．

ここで，$C_\pm$ は $Y_l^{m\pm 1}$ が規格化されているとき，以下を満たす．
$$\langle \hat{l}_\pm Y_l^m | \hat{l}_\pm Y_l^m \rangle = |C_\pm|^2 \langle Y_l^{m\pm 1} | Y_l^{m\pm 1} \rangle = |C_\pm|^2 \tag{F.5}$$
したがって
$$|C_\pm|^2 = \langle \hat{l}_\pm Y_l^m | \hat{l}_\pm Y_l^m \rangle = \langle Y_l^m | \hat{l}_\pm^\dagger \hat{l}_\pm | Y_l^m \rangle = \langle Y_l^m | (\hat{l}_x \pm i\hat{l}_y)^\dagger (\hat{l}_x \pm i\hat{l}_y) | Y_l^m \rangle \tag{F.6}$$
である．

なお，$\hat{l}_x, \hat{l}_y$ はエルミート演算子であるので
$$|C_\pm|^2 = \langle Y_l^m | (\hat{l}_x \mp i\hat{l}_y)(\hat{l}_x \pm i\hat{l}_y) | Y_l^m \rangle = \langle Y_l^m | (\hat{l}_x^2 \pm i[\hat{l}_x, \hat{l}_y] + \hat{l}_y^2) | Y_l^m \rangle$$
$$= \langle Y_l^m | (\hat{l}^2 - \hat{l}_z^2 \mp \hbar\hat{l}_z) | Y_l^m \rangle = \langle Y_l^m | \{l(l+1) - m^2 \mp m\}\hbar^2 | Y_l^m \rangle$$
$$= (l \mp m)(l \pm m + 1)\hbar^2 \tag{F.7}$$
である．よって，$C_\pm$ は

$$C_\pm = \hbar\sqrt{(l \mp m)(l \pm m + 1)} \tag{F.8}$$

によって表される．

また，球面調和関数の規格直交性より，以下が成り立つことがわかる．

$$\langle Y_l^m | \hat{l}_x | Y_l^m \rangle = \left\langle Y_l^m \left| \frac{\hat{l}_+ + \hat{l}_-}{2} \right| Y_l^m \right\rangle = \frac{C_+}{2} \langle Y_l^m | Y_l^{m+1} \rangle + \frac{C_-}{2} \langle Y_l^m | Y_l^{m-1} \rangle$$
$$= 0 \tag{F.9}$$

$$\langle Y_l^m | \hat{l}_y | Y_l^m \rangle = \left\langle Y_l^m \left| \frac{\hat{l}_+ - \hat{l}_-}{2i} \right| Y_l^m \right\rangle = \frac{C_+}{2i} \langle Y_l^m | Y_l^{m+1} \rangle - \frac{C_-}{2i} \langle Y_l^m | Y_l^{m-1} \rangle$$
$$= 0 \tag{F.10}$$

$$\langle Y_l^m | \hat{l}_z | Y_l^m \rangle = \hbar m \langle Y_l^m | Y_l^m \rangle = \hbar m \tag{F.11}$$

付録 G　円電流の作る磁場

図 G.1 に示すように，x-y 平面上に原点 O を中心とする半径 a の円電流 I を考える．円周上の微小要素 ds 部分を流れる電流が x-z 平面上の点 P に作る磁場 $d\boldsymbol{B}$ は，**ビオ‐サバール**（Biot‐Savart）**の法則**により

$$d\boldsymbol{B} = \frac{\mu_0}{4\pi} \frac{I\,d\boldsymbol{s} \times \boldsymbol{r}'}{r'^3} \tag{G.1}$$

と表せる．ここで $r' = |\boldsymbol{r}'|$ は，電流の微小要素と点 P の間の距離を示す．

まず，$d\boldsymbol{s}$ と $\boldsymbol{r}'$ は

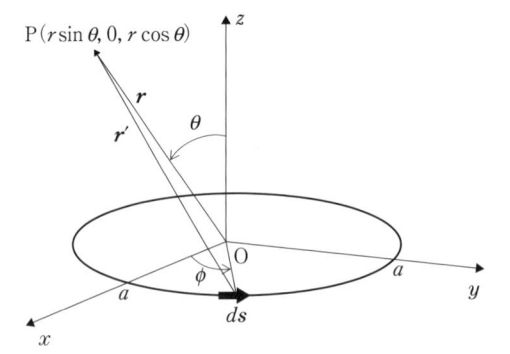

図 G.1　半径 a の円電流と点 P の関係

付録G　円電流の作る磁場　　179

$d\bm{s} = (-ds\sin\phi,\ ds\cos\phi,\ 0)$,　$\bm{r}' = (r\sin\theta - a\cos\phi,\ -a\sin\phi, r\cos\theta)$ なるベクトルである．ただし，$|d\bm{s}| = ds = a\,d\phi$ である．これらを(G.1)に代入し，ϕについて0から2πまで積分すると，円全体が点Pに作る磁場$\bm{B}$を求めることができる．

以下に各成分の計算を示す．ただし，$r \gg a$ を想定し，$(1-x)^{-3/2} = 1 + \dfrac{3}{2}x + O(x^2)$ および $\displaystyle\int_0^{2\pi} \cos^2\phi\, d\phi = \pi$ を用いた．

$$B_x = \frac{\mu_0}{4\pi}\int_0^{2\pi} \frac{Ia\,d\phi\cos\phi \cdot r\cos\theta}{(r^2 - 2ra\sin\theta\cos\phi + a^2)^{3/2}}$$

$$= \frac{\mu_0 Iar\cos\theta}{4\pi r^3}\int_0^{2\pi} \frac{\cos\phi\,d\phi}{\left(1 - \dfrac{2a\sin\theta\cos\phi}{r} + \dfrac{a^2}{r^2}\right)^{3/2}}$$

$$\approx \frac{\mu_0 Iar\cos\theta}{4\pi r^3}\int_0^{2\pi} \cos\phi\left(1 + \frac{3}{2}\cdot\frac{2a\sin\theta\cos\phi}{r}\right)d\phi = \frac{3\mu_0 Ia^2\sin\theta\cos\theta}{4r^3}$$

$$B_y = \frac{\mu_0}{4\pi}\int_0^{2\pi} \frac{Ia\,d\phi\sin\phi \cdot r\cos\theta}{(r^2 - 2ra\sin\theta\cos\phi + a^2)^{3/2}}$$

$$= \frac{\mu_0 Iar\cos\theta}{4\pi}\int_0^{2\pi} \frac{\sin\phi\,d\phi}{(r^2 - 2ra\sin\theta\cos\phi + a^2)^{3/2}}$$

$$= \frac{\mu_0 Iar\cos\theta}{4\pi}\frac{1}{2ra\sin\theta}\left[(r^2 - 2ra\sin\theta\cos\phi + a^2)^{-1/2}\right]_0^{2\pi} = 0$$

$$B_z = \frac{\mu_0}{4\pi}\int_0^{2\pi} \frac{Ia\,d\phi(a - r\cos\phi\sin\theta)}{(r^2 - 2ra\sin\theta\cos\phi + a^2)^{3/2}}$$

$$\approx \frac{\mu_0 aI}{4\pi}\cdot\frac{a}{r^3}\int_0^{2\pi}\left(1 + \frac{3}{2}\cdot\frac{2a\sin\theta\cos\phi}{r}\right)d\phi$$

$$\qquad\qquad - \frac{\mu_0 aI}{4\pi}\cdot\frac{r\sin\theta}{r^3}\int_0^{2\pi}\cos\phi\left(1 + \frac{3}{2}\cdot\frac{2a\sin\theta\cos\phi}{r}\right)d\phi$$

$$= \frac{\mu_0 aI}{4\pi}\left(\frac{a}{r^3}\cdot 2\pi - \frac{\sin\theta}{r^2}\cdot\frac{3a\sin\theta}{r}\pi\right) = \frac{\mu_0 a^2 I}{4r^3}(2 - 3\sin^2\theta)$$

次に，これを極座標を使って表す．r方向とθ方向の単位ベクトルは

$$\bm{e}_r = (\sin\theta, 0, \cos\theta),\quad \bm{e}_\theta = (\cos\theta, 0, -\sin\theta)$$

であるので

$$B_r = \bm{B} \cdot \bm{e}_r = \frac{3\mu_0 I a^2 \sin^2\theta \cos\theta}{4r^3} + \frac{\mu_0 I a^2 \cos\theta(2-3\sin^2\theta)}{4r^3} = \frac{2\mu_0 I \pi a^2 \cos\theta}{4\pi r^3}$$
(G.2)

$$B_\theta = \bm{B} \cdot \bm{e}_\theta = \frac{3\mu_0 I a^2 \sin\theta \cos^2\theta}{4r^3} - \frac{\mu_0 I a^2 \sin\theta(2-3\sin^2\theta)}{4r^3} = \frac{\mu_0 I \pi a^2 \sin\theta}{4\pi r^3}$$
(G.3)

のように計算できる．なお，$B_\phi = 0$ であることは自明である．

これらの結果より，$\bm{B}$ は z 軸に関する回転対称性を持つことがわかる．この結果は，円電流を軸として，ドーナッツ状の磁場ができることを示している．磁場の方向は円電流に対して右ねじの方向である．

付録 H　磁気双極子の作る磁場

磁荷 $+q_\mathrm{m}$ と $-q_\mathrm{m}$ を距離 d だけ隔てて，図 H.1 のように y 軸上に配置する場合を考える．ここで，磁荷 $+q_\mathrm{m}$ が作る磁場は点 P において $\bm{H}_+$ であり，また，磁荷

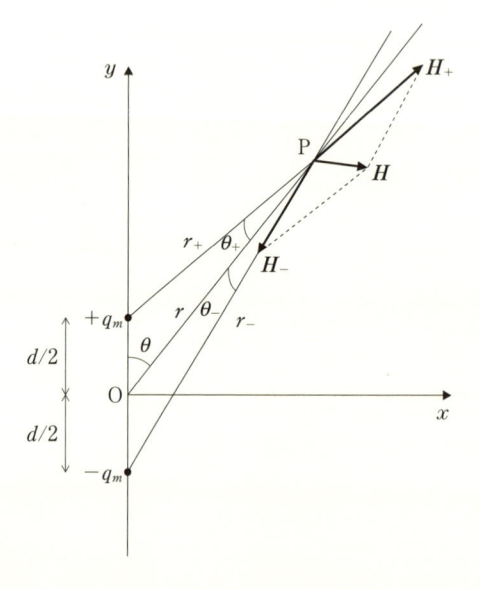

図 H.1　磁気双極子が作る磁場

付録 H 磁気双極子の作る磁場　181

$-q_\mathrm{m}$ が作る磁場は点 P において $\boldsymbol{H}_-$ であるとする．
このとき，$\boldsymbol{H} = \boldsymbol{H}_+ + \boldsymbol{H}_-$ の r 方向成分と θ 方向成分は

$$|\boldsymbol{H}_r| = |\boldsymbol{H}_+|\cos\theta_+ - |\boldsymbol{H}_-|\cos\theta_-, \quad |\boldsymbol{H}_\theta| = |\boldsymbol{H}_+|\sin\theta_+ + |\boldsymbol{H}_-|\sin\theta_-$$
(H.1)

のように書け，点 P と磁荷 $+q_\mathrm{m}$ の間の距離を r_+，$-q_\mathrm{m}$ の間の距離を r_- とすると以下が成り立つ．

$$\sin\theta_+ = \frac{\dfrac{d}{2}\sin\theta}{r_+}, \quad \sin\theta_- = \frac{\dfrac{d}{2}\sin\theta}{r_-}$$

$$\cos\theta_+ = \frac{r - \dfrac{d}{2}\cos\theta}{r_+}, \quad \cos\theta_- = \frac{r + \dfrac{d}{2}\cos\theta}{r_-}$$

$$r_+^2 = \left(r - \frac{d}{2}\cos\theta\right)^2 + \left(\frac{d}{2}\sin\theta\right)^2 = r^2 - rd\cos\theta + \frac{d^2}{4}$$

$$r_-^2 = \left(r + \frac{d}{2}\cos\theta\right)^2 + \left(\frac{d}{2}\sin\theta\right)^2 = r^2 + rd\cos\theta + \frac{d^2}{4}$$

$$|\boldsymbol{H}_+| = \frac{q_\mathrm{m}}{4\pi\mu_0 r_+^2}, \quad |\boldsymbol{H}_-| = \frac{|-q_\mathrm{m}|}{4\pi\mu_0 r_-^2}$$

ここで，$r \gg d$ のとき

$$r_\pm^{-3} = \left(r^2 \mp rd\cos\theta + \frac{d^2}{4}\right)^{-3/2} \approx r^{-3}\left(1 \pm \frac{3}{2}\frac{d\cos\theta}{r}\right)$$

$$r_+^{-3} - r_-^{-3} \approx \frac{3d\cos\theta}{r^4}, \quad r_+^{-3} + r_-^{-3} \approx \frac{2}{r^3}$$

が成り立つ．これらを (H.1) に代入すると，

$$|\boldsymbol{H}_r| = \frac{q_\mathrm{m}}{4\pi\mu_0}\left\{r\left(\frac{1}{r_+^3} - \frac{1}{r_-^3}\right) - \frac{d}{2}\cos\theta\left(\frac{1}{r_+^3} + \frac{1}{r_-^3}\right)\right\} \approx \frac{2q_\mathrm{m}d\cos\theta}{4\pi\mu_0 r^3}$$
(H.2)

を得る．同様にして

$$|\boldsymbol{H}_\theta| = \frac{q_\mathrm{m}}{4\pi\mu_0}\frac{d}{2}\sin\theta\left(\frac{1}{r_+^3} + \frac{1}{r_-^3}\right) \approx \frac{q_\mathrm{m}d\sin\theta}{4\pi\mu_0 r^3} \quad (\mathrm{H.3})$$

を得る．

よって，磁気双極子が作る磁束密度は $r \gg d$ のとき

$$|B_r| \approx \frac{2q_\mathrm{m} d \cos\theta}{4\pi r^3}, \quad |B_\theta| \approx \frac{q_\mathrm{m} d \sin\theta}{4\pi r^3} \tag{H.4}$$

と表せる．

ここで，$q_\mathrm{m} d$ というファクターは磁気双極子モーメントの大きさに相当する．これらを (G.2) および (G.3) と比較すると，同じ形をしていることがわかる．これは半径 a の円電流 I が，磁気モーメント

$$\boldsymbol{\mu} = q_\mathrm{m} \boldsymbol{d} = \mu_0 I \pi a^2 \hat{\boldsymbol{d}} \tag{H.5}$$

を持った磁気双極子と等価であることを意味している．ここで，$\boldsymbol{d}$ は磁荷 $-q_\mathrm{m}$ から $+q_\mathrm{m}$ に向かうベクトルであり，$\hat{\boldsymbol{d}}$ はその方向の単位ベクトルである．

付録I　磁場中での磁気モーメントの運動（古典論）

磁気モーメント $\boldsymbol{\mu}$ に磁場 $\boldsymbol{H} = \boldsymbol{B}/\mu_0$ が印加されると，$\boldsymbol{\mu}$ は磁場から

$$\boldsymbol{T} = \boldsymbol{\mu} \times \boldsymbol{H} = \frac{\boldsymbol{\mu}}{\mu_0} \times \boldsymbol{B} \tag{I.1}$$

のトルクを受ける．

一方，トルク $\boldsymbol{T}$, 位置 $\boldsymbol{r}$, 運動量 $\boldsymbol{p}$ は，

$$\boldsymbol{T} = \boldsymbol{r} \times \boldsymbol{F} = \boldsymbol{r} \times \frac{d\boldsymbol{p}}{dt} \tag{I.2}$$

の関係を持つ．また，角運動量 $\boldsymbol{l}$ を時間微分すると

$$\frac{d\boldsymbol{l}}{dt} = \frac{d}{dt}(\boldsymbol{r} \times \boldsymbol{p}) = \frac{d\boldsymbol{r}}{dt} \times \boldsymbol{p} + \boldsymbol{r} \times \frac{d\boldsymbol{p}}{dt} = \boldsymbol{r} \times \frac{d\boldsymbol{p}}{dt} \tag{I.3}$$

となる．したがって，軌道角運動量 $\boldsymbol{l}$ は

$$\frac{d\boldsymbol{l}}{dt} = \frac{\boldsymbol{\mu}}{\mu_0} \times \boldsymbol{B} = -\frac{\mu_\mathrm{B}}{\mu_0 \hbar} \boldsymbol{l} \times \boldsymbol{B} \tag{I.4}$$

を満たす[9]．

---

[9]　(I.4) に $\hbar$ が現れているが，これはボーア磁子を使用したために現れたものであり，$\boldsymbol{l} = \boldsymbol{r} \times \boldsymbol{p}$ としている限りは古典論のままである．

ここで $\bm{B} = (0, 0, B_z)$ であるとすると

$$\frac{d\bm{l}}{dt} = -\frac{\mu_B}{\mu_0 \hbar} \begin{vmatrix} \bm{i} & \bm{j} & \bm{k} \\ l_x & l_y & l_z \\ 0 & 0 & B_z \end{vmatrix} \tag{I.5}$$

である. すなわち,

$$\frac{dl_x}{dt} = -\frac{\mu_B}{\mu_0 \hbar} l_y B_z, \quad \frac{dl_y}{dt} = \frac{\mu_B}{\mu_0 \hbar} l_x B_z, \quad \frac{dl_z}{dt} = 0$$

である. よって,

$$\frac{d^2 l_x}{dt^2} = \frac{d}{dt} \frac{dl_x}{dt} = -\frac{\mu_B B_z}{\mu_0 \hbar} \frac{dl_y}{dt} = -\left(\frac{\mu_B B_z}{\mu_0 \hbar}\right)^2 l_x \tag{I.6}$$

となる.

したがって, $\mu_B B_z / \mu_0 \hbar = \omega$ とおくと

$$l_x = A \cos(\omega t + \delta) \tag{I.7}$$

となる. これより以下が求まる.

$$l_y = A \sin(\omega t + \delta) \tag{I.8}$$

$$l_z = C \tag{I.9}$$

これらは, $\bm{l}$ や $\bm{\mu} = -(\mu_B/\hbar)\bm{l}$ が, 図 I.1 のように磁場 $\bm{B}$ を軸として歳差運動し

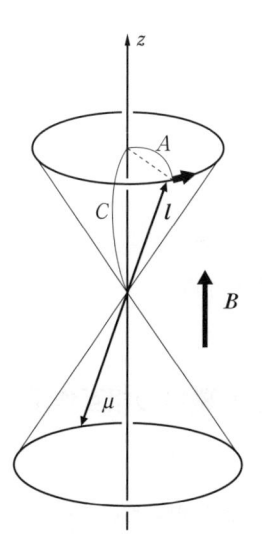

図 I.1 磁場 $\bm{B}$ 中での磁気モーメント $\bm{\mu}$ および軌道角運動量 $\bm{l}$ の歳差運動

ていることを示している．

付録J　電気双極子と電場の相互作用

電荷 q に一様電界 E を印加すると，電荷には
$$F = qE \tag{J.1}$$
なる力が加わる．この力は電荷のポテンシャルエネルギー V を用いて
$$F = -\mathrm{grad}\, V \tag{J.2}$$
のように表すことができ，電荷の位置を r としたとき V は
$$V = -qE \cdot r \tag{J.3}$$
と書ける．ただし，原点でのポテンシャルをゼロとした．((J.3)を(J.2)に代入すると(J.1)が得られることは自明である．)

ここで，位置 r_+ に電荷 $+q$ が存在し，かつ位置 r_- に電荷 $-q$ が存在する場合を考え，ここに一様電界 E が印加されたとする．すなわち，**電気双極子**に電場が印加された場合を考える．

この場合，それぞれの電荷のポテンシャルを V_+，V_- とすると合計は
$$V = V_+ + V_- = -qE \cdot r_+ + qE \cdot r_- \tag{J.4}$$
と書ける．ここで，電気双極子モーメント μ_e は
$$\mu_\mathrm{e} = q(r_+ - r_-) \tag{J.5}$$
であるので
$$V = -\mu_\mathrm{e} \cdot E \tag{J.6}$$
と書ける．これが，電気双極子と電場の相互作用ポテンシャルである．

付録K　磁気双極子と磁場の相互作用

電磁気学においては，電気と磁気は対称的に理論形成されている．例えば，電

荷に対して磁荷が定義され，磁荷 q_m に対して磁場 H が印加されると磁荷に

$$F = q_\mathrm{m} H \tag{K.1}$$

なる力が加わる．よって，この磁荷が持つポテンシャルは

$$V = -q_\mathrm{m} H \cdot r \tag{K.2}$$

と書ける．

したがって，位置 r_+ に存在する磁荷 $+q_\mathrm{m}$ と位置 r_- に存在する磁荷 $-q_\mathrm{m}$ に対する磁気双極子モーメントを $\mu_\mathrm{m} = q_\mathrm{m}(r_+ - r_-)$ とすると，磁気双極子と一様磁場の相互作用は

$$V = -\mu_\mathrm{m} \cdot H \tag{K.3}$$

により表される．これは(J.6)と対称になっている．

ここで，電気と磁気には以下のような本質的な違いがあることを述べておきたい．電荷はプラスとマイナスが単独で存在し得るが，磁荷は必ずプラスとマイナスが対をなしている．例えば1個の磁石には必ずN極とS極があるが，これを2つに切断するとそのおのおのにN極とS極が発生し，さらに切断を繰り返しても磁石の小片には必ずN極とS極が対で発生する．

ただし，単独での存在を肯定する学説もあり，単独で存在する磁荷のことを**磁気単極子**（magnetic monopole）とよぶ．しかし，その存在を証明する決定的な証拠は，いまだ発見されていない．

付録L　物理定数表

2010年にCODATA（Committee on Data for Science and Technology）が発表した国際推奨基礎物理定数値に基づく物理定数表を次ページにて示す．これは今後も改定されていくはずだが，2012年5月現在発表されているものが最新の数値となっている．

表 L.1 国際推奨基礎物理定数表

数値は Internationally recommended values of the fundamental physical constants by 2010 (CODATA：http://physics.nist.gov/cuu/Constants/index.html) による．

物理量	値	単位	誤差
真空中の光速度	2.99792458×10^8	m/s	—
真空の透磁率	$4\pi \times 10^{-7}$	N/A^2	—
真空の誘電率	$8.854187817 \times 10^{-12}$	F/m	—
プランク定数	$6.62606957 \times 10^{-34}$	J・s	$0.00000029 \times 10^{-34}$
	$4.135667516 \times 10^{-15}$	eV・s	$0.000000091 \times 10^{-15}$
プランク定数/2π	$1.054571726 \times 10^{-34}$	J・s	$0.000000047 \times 10^{-34}$
	$6.58211928 \times 10^{-16}$	eV・s	$0.00000015 \times 10^{-16}$
電気素量	$1.602176565 \times 10^{-19}$	C	$0.000000035 \times 10^{-19}$
ボーア磁子	$9.27400968 \times 10^{-24}$	J/T	$0.00000020 \times 10^{-24}$
電子の静止質量	$9.10938291 \times 10^{-31}$	kg	$0.00000040 \times 10^{-31}$
電子のコンプトン波長	$2.4263102389 \times 10^{-12}$	m	$0.0000000016 \times 10^{-12}$
リュードベリ定数	$1.0973731568539 \times 10^7$	1/m	$0.0000000000055 \times 10^7$
ボーア半径	$0.52917721092 \times 10^{-10}$	m	$0.00000000017 \times 10^{-10}$
ボルツマン定数	$1.3806488 \times 10^{-23}$	J/K	$0.0000013 \times 10^{-23}$
	8.6173324×10^{-5}	eV/K	0.0000078×10^{-5}
1 eV	$1.602176565 \times 10^{-19}$	J	$0.000000035 \times 10^{-19}$
1 rydberg	13.60569253	eV	0.00000030

問 題 解 答

これまでの各所に配置されてきた問題の解答例を示す．もちろん，解法は一つのみでなく，問題によっては他にもっとスマートなやり方もある．しかし本書では，できるだけ初学者にもわかりやすい解答を示した．

[1] ρ を λ で微分すると，最大値を与える波長は以下のように求まる．
$$\frac{d\rho}{d\lambda} = \frac{ac^3}{\lambda^5}\left(-3\lambda + \frac{bc}{k_B T}\right)e^{-bc/\lambda k_B T}$$
$$\lambda_{\max} = \frac{bc}{3k_B T}$$
よって，$\lambda_{\max} \propto T^{-1}$ が示せた．

[2] すべての電子が阻止されるためには，$E_{\max}$ と阻止電圧から計算されるエネルギー eV_b が等しい必要がある．すなわち
$$E_{\max} = h\nu - W = h(\nu - \nu_{\text{th}}) = hc\left(\frac{1}{\lambda} - \frac{1}{\lambda_{\text{th}}}\right) = eV_b$$
である．よって，阻止電圧は次式により計算できる．
$$V_b = \frac{hc}{e}\left(\frac{1}{\lambda} - \frac{1}{\lambda_{\text{th}}}\right) = \frac{hc}{e}\frac{\lambda_{\text{th}} - \lambda}{\lambda \lambda_{\text{th}}}$$
これに各波長の値や物理定数値（付録L）を代入すると，
$$V_b = \frac{6.62606957 \times 10^{-34} \times 2.99792458 \times 10^8}{1.602176565 \times 10^{-19}} \cdot \frac{6855 \times 10^{-10} - 4000 \times 10^{-10}}{4000 \times 10^{-10} \times 6855 \times 10^{-10}}$$
$$\approx 1.291 \text{ V}$$
となる．ただし，J = VC であることを使用した．

[3] $m = 2$ のとき (1.11) は
$$\frac{1}{\lambda} = R_H\left(\frac{1}{4} - \frac{1}{n^2}\right)$$
と書ける．これより
$$\lambda = \frac{4}{R_H}\frac{n^2}{n^2 - 4}$$
となり，(1.10) と一致することがわかる．

[4] (1.11) において $m = 1$，$n = 2$ のときの波長が最も長い．このときの波長は
$$\lambda = \frac{1}{R_H\left(1 - \frac{1}{4}\right)} = \frac{4}{3 \times 1.0973731568539 \times 10^7} = 1215.0 \times 10^{-10} \text{ m}$$

のように計算できる.

[5] (1.16)に物理定数値(付録L)を代入すれば,以下のようになる.
$$r_1 = \frac{8.854187817 \times 10^{-12} \times (6.62606957 \times 10^{-34})^2}{\pi \times 9.10938291 \times 10^{-31} \times (1.602176565 \times 10^{-19})^2} \approx 0.529 \times 10^{-10} \text{ m}$$
ここで真空の誘電率の単位はF/mであるが,F(ファラッド)は電気容量(静電容量)の単位であり,F = C/Vである.また,VC = J,J = kg(m/s)^{2}である.

[6] (1.20)に物理定数値を代入すれば,以下のようになる.
$$E_1 = -\frac{9.10938291 \times 10^{-31} \times (1.602176565 \times 10^{-19})^4}{8 \times (8.854187817 \times 10^{-12})^2 \times (6.62606957 \times 10^{-34})^2}$$
$$\approx -2.179872176 \times 10^{-18} \text{ J}$$
これをeVに直すと以下のようになる.
$$-\frac{2.179872176 \times 10^{-18}}{1.602176565 \times 10^{-19}} \approx -13.61 \text{ eV}$$

[7] 電気素量をe,加速電圧をV,電子の運動量および質量をpおよびmとすると,
$$eV = \frac{p^2}{2m}$$
が成り立つ.よって,ド・ブロイ波長λは
$$\lambda = \frac{h}{p} = \frac{h}{\sqrt{2meV}}$$
で表される.これに物理定数値を代入すると,以下のように計算できる.
$$\lambda = \frac{6.62606957 \times 10^{-34}}{\sqrt{2 \cdot 9.10938291 \times 10^{-31} \times 1.602176565 \times 10^{-19} \times 100}} \approx 1.226 \times 10^{-10} \text{ m}$$

[8] (1.32)を$mv\cos\theta$について解いて2乗したものと,(1.33)を$mv\sin\theta$について解いて2乗したものを加えると
$$(mv\cos\theta)^2 + (mv\sin\theta)^2 = \left(\frac{h}{c}\right)^2 (\nu - \nu'\cos\phi)^2 + \left(\frac{h}{c}\right)^2 \nu'^2 \sin^2\phi$$
となり,これを整理すると
$$m^2 v^2 = \left(\frac{h}{c}\right)^2 (\nu^2 - 2\nu\nu'\cos\phi + \nu'^2)$$
のように変数θを消去できる.

さてこの式において,質量mに(1.29)で示した相対論的効果を考慮すると
$$\left(\frac{h}{c}\right)^2 (\nu^2 - 2\nu\nu'\cos\phi + \nu'^2) = \frac{m_0^2 v^2}{1 - (v/c)^2}$$

問 題 解 答　189

$$\longrightarrow h^2(\nu^2 - 2\nu\nu'\cos\phi + \nu'^2) = \frac{m_0^2 v^2 c^4}{c^2 - v^2}$$

を得る．また，(1.31) の右辺第 1 項を左辺へ移行し，両辺を 2 乗すると

$$\{h(\nu - \nu') + m_0 c^2\}^2 = \frac{m_0^2 c^4}{1 - (v/c)^2}$$

$$\longrightarrow h^2(\nu - \nu')^2 + 2h(\nu - \nu')m_0 c^2 + m_0^2 c^4 = \frac{m_0^2 c^6}{c^2 - v^2}$$

を得る．さらに，得られた 2 式の差を取ると

$$h^2(\nu - \nu')^2 + 2h(\nu - \nu')m_0 c^2 + m_0^2 c^4 - h^2(\nu^2 - 2\nu\nu'\cos\phi + \nu'^2)$$
$$= \frac{m_0^2 c^6 - m_0^2 v^2 c^4}{c^2 - v^2}$$

となる．

これを整理すると $-2h^2\nu\nu'(1 - \cos\phi) + 2h(\nu - \nu')m_0 c^2 = 0$ となり，両辺を $2h^2\nu\nu'$ で割ると，$(1/\nu') - (1/\nu) = (h/m_0 c^2)(1 - \cos\phi)$ が導かれる．

[9]　物理定数の値を代入すると，以下のようになる．

$$\lambda_0 = \frac{h}{m_0 c} = \frac{6.62606957 \times 10^{-34}}{9.10938291 \times 10^{-31} \times 2.99792458 \times 10^8}$$
$$\approx 2.426 \times 10^{-12}\,\text{m} = 0.0246\,\text{Å}$$

[10] (1)　x, y, z 方向の単位ベクトルを $\bm{i}, \bm{j}, \bm{k}$ とし，$\bm{q}$ および $\bm{r}$ の成分をそれぞれ (q_x, q_y, q_z), (x, y, z) とすると以下のような計算ができる．

$$-i\hbar \nabla \psi(\bm{r}) = -i\hbar\left(\bm{i}\frac{\partial}{\partial x} + \bm{j}\frac{\partial}{\partial y} + \bm{k}\frac{\partial}{\partial z}\right)e^{i(q_x x + q_y y + q_z z)}$$
$$= -i\hbar(\bm{i}iq_x + \bm{j}iq_y + \bm{k}iq_z)e^{i(q_x x + q_y y + q_z z)} = \hbar\bm{q}\psi(\bm{r})$$

これは運動量演算子 $-i\hbar\nabla$ の固有値が $\hbar\bm{q}$, 固有関数が平面波であることを意味する．このとき，ベクトル $\bm{q}$ は波の進行方向を示している．

（2）　前問同様，以下のように計算できる．

$$-\frac{\hbar^2}{2m}\nabla^2\psi(\bm{r}) = -\frac{\hbar^2}{2m}\left(\frac{\partial^2}{\partial x^2} + \frac{\partial^2}{\partial y^2} + \frac{\partial^2}{\partial z^2}\right)e^{i(q_x x + q_y y + q_z z)}$$
$$= -\frac{\hbar^2}{2m}(-q_x^2 - q_y^2 - q_z^2)e^{i(q_x x + q_y y + q_z z)} = \frac{\hbar^2 q^2}{2m}\psi(\bm{r})$$

これは，自由粒子のエネルギー固有値が $\hbar^2 q^2/2m$ であり，固有関数が平面波となることを意味している．

[11]　特殊解の線形結合により，一般解は $\phi(x) = ae^{ikx} + be^{-ikx}$ と表される．この解が境界条件 $\phi(0) = \phi(L) = 0$ を満たすためには，

$$\phi(0) = a + b = 0$$
$$\phi(L) = ae^{ikL} + be^{-ikL} = 0$$

が成り立つ必要がある．これより，$b = -a$, $kL = n\pi$ $(n = 1, 2, \cdots)$ が得られるので，これらを一般解に代入すると

$$\phi(x) = 2ia \sin\left(\frac{n\pi}{L} x\right) \quad (n = 1, 2, \cdots)$$

となる．ここで $2ia$ は定数であり，上式は (3.6)，(3.7) と一致した．

[12] (3.14) を (3.16) に代入し，公式 $\sin a \sin b = (1/2)\{\cos(a-b) - \cos(a+b)\}$ を用いると

$$\int_0^L \phi_n^*(x)\, \phi_m(x)\, dx = \frac{2}{L} \int_0^L \sin\left(\frac{n\pi}{L} x\right) \sin\left(\frac{m\pi}{L} x\right) dx$$
$$= \frac{1}{L} \int_0^L \left\{ \cos\left(\frac{n-m}{L} \pi x\right) - \cos\left(\frac{n+m}{L} \pi x\right) \right\} dx$$

と書ける．この積分は以下のように場合分けして計算できる．

(ⅰ) $n = m$ の場合[1]

$$\frac{1}{L} \int_0^L \left\{1 - \cos\left(\frac{2n\pi}{L} x\right)\right\} dx = \frac{1}{L}\left[x - \frac{L}{2n\pi} \sin\left(\frac{2n\pi}{L} x\right)\right]_0^L = 1$$

(ⅱ) $n \neq m$ の場合

$$\frac{1}{L}\left[\frac{L}{(n-m)\pi} \sin\left(\frac{n-m}{L} \pi x\right) - \frac{L}{(n+m)\pi} \sin\left(\frac{n+m}{L} \pi x\right)\right]_0^L = 0$$

(ⅰ)，(ⅱ) より (3.16) が成り立つことがわかる．

[13] $\Psi_{221}, \Psi_{212}, \Psi_{122}$ のような3つの異なる状態は，いずれもエネルギーが $E = 9(\hbar^2/2m)(\pi/L)^2$ である．したがって，第2励起状態は3重縮退している．

[14] (3.63) より，

$$R^2 = \frac{mV_0 L^2}{2\hbar^2} = \frac{m}{2\hbar^2} \frac{2\hbar^2}{9m} = \left(\frac{2\pi}{3}\right)^2$$

となる．すなわち $R = 2\pi/3$ であり，図3.6中にこれを半径とする円を書き込めば，交点は2個あることがわかる．このうち，ξ が小さい方の交点は実線との交点であり，大きい方の交点は破線との交点である．よって，基底状態の解は偶関数であり，第1励起状態の解は奇関数である．

[15] まず，以下のように (4.13) の $\phi(\xi)$ を 2 階微分する．

$$\frac{d\phi}{d\xi} = \left(\frac{dH}{d\xi} - \xi H\right) e^{-\xi^2/2}$$

$$\frac{d^2\phi}{d\xi^2} = \left\{\frac{d^2H}{d\xi^2} - 2\xi \frac{dH}{d\xi} + (\xi^2 - 1) H\right\} e^{-\xi^2/2}$$

これを (4.12) に代入すると，

---

[1] $n = 1, 2, \cdots$ であるので，$n = 0$ となることを心配する必要はない．

$$-\left\{\frac{d^2H}{d\xi^2}-2\xi\frac{dH}{d\xi}+(\xi^2-1)H\right\}e^{-\xi^2/2}+\xi^2He^{-\xi^2/2}=\varepsilon He^{-\xi^2/2}$$

を得る．この式の両辺を $e^{-\xi^2/2}$ で割って整理すると (4.14) を得る．

[16] (4.24) より，隣り合う準位の間のエネルギー差は

$$E_{n+1}-E_n=\left(n+1+\frac{1}{2}\right)\hbar\omega-\left(n+\frac{1}{2}\right)\hbar\omega=\hbar\omega$$

のようになる．よって，エネルギー準位は n によらず等間隔であるといえる．

[17] 基底状態のエネルギーと調和ポテンシャルが等しくなる点がトンネル点となるが，この点を x_t とすると

$$\frac{\hbar\omega}{2}=\frac{1}{2}m\omega^2 x_\mathrm{t}^2$$

が成り立つ．よって以下が求まる．

$$x_\mathrm{t}=\sqrt{\frac{\hbar}{m\omega}}$$

[18] (4.28) を (4.30) 左辺に代入し，(4.27) および (4.29) を用いると

$$\int_{-\infty}^{\infty}\phi_n^*(x)\,\phi_m(x)\,dx=A_n^*A_m\int_{-\infty}^{\infty}H_n(\alpha x)\,H_m(\alpha x)\,e^{-(\alpha x)^2}\,dx$$

$$=\frac{A_n^*A_m}{\alpha}\int_{-\infty}^{\infty}H_n(\xi)\,H_m(\xi)\,e^{-\xi^2}\,d\xi$$

$$=\frac{1}{\alpha}\left(\frac{\alpha}{2^n n!\sqrt{\pi}}\right)^{1/2}\left(\frac{\alpha}{2^m m!\sqrt{\pi}}\right)^{1/2}\delta_{nm}2^n n!\sqrt{\pi}=\delta_{nm}$$

となり，(4.30) を得る．ただし，$\alpha x=\xi$ として置換積分を行った．

[19] 積分を計算すると，以下のようになる．

$$\int_0^{2\pi}\Phi_n^*(\phi)\,\Phi_m(\phi)\,d\phi=\int_0^{2\pi}\frac{e^{-in\phi}}{\sqrt{2\pi}}\frac{e^{im\phi}}{\sqrt{2\pi}}\,d\phi=\frac{1}{2\pi}\int_0^{2\pi}e^{i(m-n)\phi}\,d\phi$$

この積分は，$m=n$ のとき 1 となり，$m\neq n$ のとき

$$\frac{1}{2\pi}\left[\frac{e^{i(m-n)\phi}}{i(m-n)}\right]_0^{2\pi}=0$$

となる．よって，(5.12) が成り立つ．

[20] (B.52) 左辺において，$x=\cos\theta$ とすると

$$\int_{-1}^{1}P_n^m(x)\,P_l^m(x)\,dx=\int_0^{\pi}P_n^m(\cos\theta)\,P_l^m(\cos\theta)\,\sin\theta\,d\theta \qquad (1)$$

となる．これより以下が得られる．

$$\int_0^{\pi}\Theta_{lm}(\theta)\,\Theta_{nm}(\theta)\,\sin\theta\,d\theta$$
$$=\left\{\frac{2l+1}{2}\frac{(l-|m|)!}{(l+|m|)!}\right\}^{1/2}\left\{\frac{2n+1}{2}\frac{(n-|m|)!}{(n+|m|)!}\right\}^{1/2}$$

$$\times \int_0^\pi P_l^{|m|}(\cos\theta)\, P_n^{|m|}(\cos\theta) \sin\theta\, d\theta$$

$$= \left\{\frac{2l+1}{2}\frac{(l-|m|)!}{(l+|m|)!}\right\}^{1/2} \left\{\frac{2n+1}{2}\frac{(n-|m|)!}{(n+|m|)!}\right\}^{1/2} \frac{2}{2l+1}\frac{(l+|m|)!}{(l-|m|)!}\delta_{nl}$$

$$= \delta_{nl}$$

よって,(5.24)が成り立つ.

[21] $$\frac{d}{d\tilde{r}}[\{R_{10}(\tilde{r})\}^2 \tilde{r}^2] = \frac{d}{d\tilde{r}}(4\tilde{r}^2 e^{-2\tilde{r}}) = 8\tilde{r}(1-\tilde{r})e^{-2\tilde{r}}$$

より,$\tilde{r}>0$ における最大値は $\tilde{r}=1$ のところにあることがわかる.ここで $\tilde{r}=r/r_1$ であるので,$\tilde{r}=1$ のとき $r=r_1$ であり,シュレディンガー方程式より求めた基底状態の確率密度関数が最大値を取る面は,ボーア半径を半径とする球であることがわかる.

[22] (6.7)を x で微分すると

$$\frac{\partial S}{\partial x} = \frac{\hbar}{2im}\left(\frac{\partial \Psi^*}{\partial x}\frac{\partial \Psi}{\partial x} + \Psi^*\frac{\partial^2 \Psi}{\partial x^2} - \frac{\partial^2 \Psi^*}{\partial x^2}\Psi - \frac{\partial \Psi^*}{\partial x}\frac{\partial \Psi}{\partial x}\right)$$

$$= \frac{\hbar}{2im}\left(\Psi^*\frac{\partial^2 \Psi}{\partial x^2} - \frac{\partial^2 \Psi^*}{\partial x^2}\Psi\right)$$

となる.これと(6.5)を比べると,与式が成り立つことがわかる.

[23] まず,(6.22),(6.23)より C を消去すると

$$F = \frac{\alpha+k}{\alpha-k}e^{-2i\alpha b}G \tag{2}$$

となる.この,(2)を(6.20)に代入すると

$$A+B = \left(\frac{\alpha+k}{\alpha-k}e^{-2i\alpha b} + 1\right)G \tag{3}$$

のように F が消去される.同様に,(2)を(6.21)に代入すると

$$k(A-B) = \alpha\left(\frac{\alpha+k}{\alpha-k}e^{-2i\alpha b} - 1\right)G \tag{4}$$

のように F が消去される.ここで,(3),(4)を変形すると

$$(\alpha-k)(A+B) = e^{-i\alpha b}\{(\alpha+k)e^{-i\alpha b} + (\alpha-k)e^{i\alpha b}\}G$$
$$k(\alpha-k)(A-B) = e^{-i\alpha b}\alpha\{(\alpha+k)e^{-i\alpha b} - (\alpha-k)e^{i\alpha b}\}G$$

と書ける.
そこで,両式より G を消去すると

$$(\alpha-k)\alpha\{(\alpha+k)e^{-i\alpha b} - (\alpha-k)e^{i\alpha b}\}(A+B)$$
$$-k(\alpha-k)\{(\alpha+k)e^{-i\alpha b} + (\alpha-k)e^{i\alpha b}\}(A-B) = 0$$

となる.これを変形すると

$$\frac{B}{A} = \frac{i(\alpha^2-k^2)\sin\alpha b}{2k\alpha\cos\alpha b - i(\alpha^2+k^2)\sin\alpha b} = \frac{i(\alpha^2-k^2)\sin\alpha b}{Z_1} \tag{5}$$

を得る．よって(6.24)が導かれる．ただし，$Z_1 = 2k\alpha \cos \alpha b - i(\alpha^2 + k^2) \times \sin \alpha b$ である．

次に，(6.22)，(6.23)より F を消去すると

$$G = \frac{\alpha - k}{2\alpha} C e^{i(\alpha + k)b} \tag{6}$$

を得る．そこで，(5)，(6)を(3)に代入して B と G を消去すると

$$\left\{1 + \frac{i(\alpha^2 - k^2)\sin \alpha b}{Z_1}\right\} A = \left(\frac{\alpha + k}{\alpha - k} e^{-2i\alpha b} + 1\right) \frac{\alpha - k}{2\alpha} e^{i(k+\alpha)b} C$$

となる．したがって，以下が導かれる．

$$\frac{C}{A} = \frac{1 + \dfrac{i(\alpha^2 - k^2)\sin \alpha b}{Z_1}}{\left(\dfrac{\alpha + k}{\alpha - k} e^{-2i\alpha b} + 1\right) \dfrac{\alpha - k}{2\alpha} e^{i(k+\alpha)b}}$$

$$= \frac{\dfrac{1}{Z_1}\{2k\alpha \cos \alpha b - i(k^2 + \alpha^2)\sin \alpha b + i(\alpha^2 - k^2)\sin \alpha b\}}{\dfrac{e^{ikb}}{2\alpha}\{(\alpha + k)e^{-i\alpha b} + (\alpha - k)e^{i\alpha b}\}}$$

$$= \frac{2k\alpha e^{-ikb}}{Z_1} \tag{7}$$

を得る．よって，(6.25)が導けた．

なお，問題の解答はここまでであるが，(6)より

$$\frac{G}{A} = \frac{C}{A} \cdot \frac{G}{C} = \frac{k(\alpha - k)}{Z_1} e^{i\alpha b} \tag{8}$$

である．また，(2)より

$$\frac{F}{A} = \frac{G}{A} \cdot \frac{F}{G} = \frac{k(\alpha + k)}{Z_1} e^{-i\alpha b} \tag{9}$$

を得る．以上のように A 以外の未知数は，A との比の形ですべて求まった．ここで，A は入射波の振幅であるので，あらかじめわかっているはずである．したがって，これですべての係数がわかったことになる．

[24] (6.28)において，$\tilde{k} = kb$，$\tilde{\alpha} = \alpha b$ とすると

$$T = \frac{1}{\dfrac{(\tilde{k}^2 - \tilde{\alpha}^2)^2}{4\tilde{k}^2 \tilde{\alpha}^2} \sin^2 \tilde{\alpha} + 1} \tag{10}$$

となる．これに $\tilde{k} = 10$，$\tilde{\alpha} = \sqrt{19}$ を代入すると，$T = 0.568$ となる．

[25] まず，(6.40)，(6.41)より C を消去すると

$$F = \frac{\beta + ik}{\beta - ik} e^{-2\beta b} G \tag{11}$$

となる．次に，(11)を(6.38)に代入するとFが消去され

$$A + B = \left(\frac{\beta + ik}{\beta - ik} e^{-2\beta b} + 1\right)G \tag{12}$$

を得る．同様に，(11)を(6.39)に代入するとFが消去され

$$ik(A - B) = \beta\left(\frac{\beta + ik}{\beta - ik} e^{-2\beta b} - 1\right)G \tag{13}$$

となる．そこで，(12)，(13)よりGを消去すると

$$\frac{B}{A} = -\frac{(\beta^2 + k^2)\sinh\beta b}{Z_2} \tag{14}$$

$$Z_2 = (\beta^2 - k^2)\sinh\beta b - 2i\beta k\cosh\beta b \tag{15}$$

を得る．よって，(6.43)が導けた．また，(12)と(14)を用いてBを消去すると

$$\frac{G}{A} = -\frac{k(k + i\beta)}{Z_2} e^{\beta b} \tag{16}$$

を得る．さらに，(11)，(16)より

$$\frac{F}{A} = \frac{G}{A}\cdot\frac{F}{G} = -\frac{k(i\beta - k)}{Z_2} e^{-\beta b} \tag{17}$$

となる．よって，(6.40)に(16)，(17)を代入すると

$$\frac{C}{A} = -\frac{2i\beta k}{Z_2} e^{-ikb} \tag{18}$$

が得られる．ゆえに，(6.42)が導けた．

[26] (6.45)に$kb = 10$，$\beta b = \sqrt{(10.2)^2 - 10^2}$を代入すると，$T = 0.176$となる．

[27] $p \approx \Delta p$と仮定すると，基底状態は

$$E = \frac{p^2}{2m} \approx \frac{\hbar^2}{2mL^2}$$

のようになる．これに$\pi^2 (\approx 9.87)$倍すると，(3.15)から求めた基底状態と一致する．このように計算しても，この程度の近似になる．

[28] (1.16)より，半径r_1の円周上に閉じ込められた電子の位置の不確かさは

$$\Delta x = 2\pi r_1 = \frac{2\varepsilon_0 h^2}{me^2}$$

で表される．よって，運動量の不確かさの最低値は

$$\Delta p \approx \frac{\hbar}{\Delta x} = \frac{me^2}{4\pi\varepsilon_0 h}$$

となる．この値を基底状態の運動量とすると，全エネルギーは

$$E = \frac{p^2}{2m} - \frac{e^2}{4\pi\varepsilon_0 r_1} = \frac{1}{2m}\left(\frac{me^2}{4\pi\varepsilon_0 h}\right)^2 - \frac{e^2}{4\pi\varepsilon_0}\frac{\pi me^2}{\varepsilon_0 h^2} = \left(\frac{1}{4\pi^2} - 2\right)\frac{me^4}{8\varepsilon_0^2 h^2}$$

$$\approx -1.97 \times \frac{me^4}{8\varepsilon_0^2 h^2}$$

となる.

　これだと 1.97 という因子が余計となるが，その原因は運動量の不確かさの最低値を，基底状態の電子の運動量そのものとしたためである.

[29] $\hat{A}$ に関する固有値方程式を $\hat{A}u = au$ とすると，$\langle \hat{A}u|u \rangle = \langle u|\hat{A}u \rangle$ である．ここで左辺 $= \langle au|u \rangle = a^*\langle u|u \rangle$ であり，右辺 $= \langle u|au \rangle = a\langle u|u \rangle$ である．よって $(a^* - a)\langle u|u \rangle = 0$ が成り立ち，$\langle u|u \rangle \neq 0$ なので，$a^* = a$ となる.

[30] エルミート演算子 $\hat{A}$ に関する固有値方程式を $\hat{A}u_n = a_n u_n$ としたとき，$\langle \hat{A}u_m|u_n \rangle = \langle u_m|\hat{A}u_n \rangle$ であり，a_n は実数である．これより以下が成り立つ．
$$\text{左辺} = \langle a_m u_m|u_n \rangle = a_m^*\langle u_m|u_n \rangle = a_m\langle u_m|u_n \rangle$$
$$\text{右辺} = \langle u_m|a_n u_n \rangle = a_n\langle u_m|u_n \rangle$$
よって，$(a_m - a_n)\langle u_m|u_n \rangle = 0$ であり，$a_m \neq a_n$ のとき $\langle u_m|u_n \rangle = 0$ である.

[31] 1次元運動量演算子 $\hat{p} = -i\hbar(d/dx)$ と無限遠でゼロになる関数 $f(x), g(x)$ に対し，$\langle \hat{p}f|g \rangle = \langle f|\hat{p}g \rangle$ の関係が成り立つことは
$$\langle \hat{p}f|g \rangle = \int_{-\infty}^{\infty}\left(-i\hbar\frac{d}{dx}f\right)^* g\, dx = i\hbar\left\{[f^*g]_{-\infty}^{\infty} - \int_{-\infty}^{\infty}f^*\frac{dg}{dx}dx\right\}$$
$$= \int_{-\infty}^{\infty}f^*\left(-i\hbar\frac{d}{dx}\right)g\, dx = \langle f|\hat{p}g \rangle$$
のように証明できる[2].

　すなわち，運動量演算子はエルミート演算子である．これは運動量が観測可能量であることを反映している.

[32] $\hat{A}, \hat{B}$ に同時固有関数が存在するとき，その固有値をそれぞれ a, b，同時固有関数を u とすると，$\hat{A}u = au$，$\hat{B}u = bu$ と書け，$\hat{A}\hat{B}u = b\hat{A}u = bau$，$\hat{B}\hat{A}u = a\hat{B}u = abu$ が成り立つ．したがって $(\hat{A}\hat{B} - \hat{B}\hat{A})u = (ba - ab)u = 0$ であり，$[\hat{A}, \hat{B}] = 0$ が成り立つことがわかる．

[33] $[\hat{A}, \hat{B}] = 0$，$\hat{A}f = af$ のとき，
$$[\hat{A}, \hat{B}]f = \hat{A}\hat{B}f - \hat{B}\hat{A}f = \hat{A}\hat{B}f - \hat{B}af = \hat{A}(\hat{B}f) - a(\hat{B}f) = 0$$
である.

　これは，関数 $\hat{B}f$ が $\hat{A}$ の固有関数であることを意味する．しかも，その際の固有値は a である．したがって縮退がないとき，関数 $\hat{B}f$ は関数 f そのもの

---

[2] この証明を見ると，f と g が無限遠でゼロにならなければ $\hat{p}$ はエルミート演算子とならないことになる．$[f^*g]_{-\infty}^{\infty} = 0$ であることは，以下のことと関係している．通常，量子力学において，波動関数は**ヒルベルト空間**（Hilbert space）内でのベクトルとして定義される．よって，関数 f と g のノルムはそれぞれ $\langle f|f \rangle^{1/2}$ および $\langle g|g \rangle^{1/2}$ で表される．これはベクトルの大きさに相当するが，これが発散することは許されない．よって，$\lim_{x \to \pm\infty} f(x) \to 0$，$\lim_{x \to \pm\infty} g(x) \to 0$ でなければならない.

か，あるいはその定数倍でなければならない．

よって $\hat{B}f = bf$ であり，関数 f は $\hat{B}$ の固有関数でもあることがわかる．

[34] (8.17) に (8.18) と (8.19) を代入し，(8.7) を使用すると

$$\mathcal{H} = \frac{m\omega^2}{2}\left(x - \frac{i}{m\omega}\hat{p}\right)\left(x + \frac{i}{m\omega}\hat{p}\right) + \frac{\hbar\omega}{2}$$

$$= \frac{m\omega^2}{2}\left\{x^2 + \frac{i}{m\omega}(x\hat{p} - \hat{p}x) + \frac{1}{m^2\omega^2}\hat{p}^2\right\} + \frac{\hbar\omega}{2}$$

$$= \frac{m\omega^2}{2}\left(x^2 - \frac{\hbar}{m\omega} + \frac{1}{m^2\omega^2}\hat{p}^2\right) + \frac{\hbar\omega}{2} = \frac{\hat{p}^2}{2m} + \frac{1}{2}m\omega^2 x^2$$

となり，確かに (4.10) と一致する．

[35] 図 5.1 および (5.3) に示したように，極座標と直交座標の関係は

$$r = \sqrt{x^2 + y^2 + z^2}, \quad \cos\theta = \frac{z}{r}, \quad \tan\phi = \frac{y}{x}$$

のように書ける．また，逆三角関数の微分は

$$\frac{d}{d\mu}\arccos\mu = \frac{-1}{\sqrt{1-\mu^2}}, \quad \frac{d}{d\mu}\arctan\mu = \frac{1}{1+\mu^2}$$

と表されるので，$\partial/\partial x$, $\partial/\partial y$, $\partial/\partial z$ をそれぞれ極座標表示して，(9.4) に代入すれば $\hat{l}_x$, $\hat{l}_y$, $\hat{l}_z$ を極座標表示することができる．

そのために，r を x, y, z で偏微分すると，以下のようになる．

$$\frac{\partial r}{\partial x} = \frac{\partial}{\partial x}\sqrt{x^2 + y^2 + z^2} = \frac{x}{\sqrt{x^2 + y^2 + z^2}} = \frac{x}{r} = \sin\theta\cos\phi$$

$$\frac{\partial r}{\partial y} = \frac{y}{r} = \sin\theta\sin\phi$$

$$\frac{\partial r}{\partial z} = \frac{z}{r} = \cos\theta$$

次に，$\mu_1 = z/r$ とおいて，θ を x, y, z で偏微分すると，以下のようになる．

$$\frac{\partial\theta}{\partial x} = \frac{\partial}{\partial x}\arccos\mu_1 = \frac{\partial\mu_1}{\partial x}\frac{\partial}{\partial\mu_1}\arccos\mu_1$$

$$= -\frac{zx}{r^3}\frac{-1}{\sqrt{1-(z/r)^2}} = \frac{zx}{r^2\sqrt{x^2+y^2}}$$

$$= \frac{r\cos\theta \cdot r\sin\theta\cos\phi}{r^2\sqrt{(r\sin\theta\cos\phi)^2 + (r\sin\theta\sin\phi)^2}} = \frac{\cos\theta\cos\phi}{r}$$

$$\frac{\partial\theta}{\partial y} = \frac{zy}{r^2\sqrt{x^2+y^2}} = \frac{\cos\theta\sin\phi}{r}$$

$$\frac{\partial\theta}{\partial z} = \frac{r - (z^2/r)}{r^2}\frac{-1}{\sqrt{1-(z/r)^2}} = -\frac{\sqrt{x^2+y^2}}{r^2} = -\frac{\sin\theta}{r}$$

また，$\mu_2 = y/x$ とおいて ϕ を x, y, z で偏微分すると，以下のようになる．

問題解答　197

$$\frac{\partial \phi}{\partial x} = \frac{\partial}{\partial x}\arctan \mu_2 = \frac{\partial \mu_2}{\partial x}\frac{\partial}{\partial \mu_2}\arctan \mu_2$$

$$= -\frac{y}{x^2}\frac{1}{1+(y/x)^2} = -\frac{y}{x^2+y^2} = -\frac{\sin \phi}{r \sin \theta}$$

$$\frac{\partial \phi}{\partial y} = \frac{1}{x}\frac{1}{1+(y/x)^2} = \frac{x}{x^2+y^2} = \frac{\cos \phi}{r \sin \theta}$$

$$\frac{\partial \phi}{\partial z} = 0$$

これらを用いると,

$$\frac{\partial}{\partial x} = \frac{\partial r}{\partial x}\frac{\partial}{\partial r} + \frac{\partial \theta}{\partial x}\frac{\partial}{\partial \theta} + \frac{\partial \phi}{\partial x}\frac{\partial}{\partial \phi}$$

$$= \sin \theta \cos \phi \frac{\partial}{\partial r} + \frac{\cos \theta \cos \phi}{r}\frac{\partial}{\partial \theta} - \frac{\sin \phi}{r \sin \theta}\frac{\partial}{\partial \phi}$$

$$\frac{\partial}{\partial y} = \frac{\partial r}{\partial y}\frac{\partial}{\partial r} + \frac{\partial \theta}{\partial y}\frac{\partial}{\partial \theta} + \frac{\partial \phi}{\partial y}\frac{\partial}{\partial \phi}$$

$$= \sin \theta \sin \phi \frac{\partial}{\partial r} + \frac{\cos \theta \sin \phi}{r}\frac{\partial}{\partial \theta} + \frac{\cos \phi}{r \sin \theta}\frac{\partial}{\partial \phi}$$

$$\frac{\partial}{\partial z} = \frac{\partial r}{\partial z}\frac{\partial}{\partial r} + \frac{\partial \theta}{\partial z}\frac{\partial}{\partial \theta} + \frac{\partial \phi}{\partial z}\frac{\partial}{\partial \phi} = \cos \theta \frac{\partial}{\partial r} - \frac{\sin \theta}{r}\frac{\partial}{\partial \theta}$$

が得られる. さらに, これらを(9.4)に代入すると,

$$\hat{l}_x = -i\hbar \left\{ r \sin \theta \sin \phi \left(\cos \theta \frac{\partial}{\partial r} - \frac{\sin \theta}{r}\frac{\partial}{\partial \theta} \right) \right.$$
$$\left. - r \cos \theta \left(\sin \theta \sin \phi \frac{\partial}{\partial r} + \frac{\cos \theta \sin \phi}{r}\frac{\partial}{\partial \theta} + \frac{\cos \phi}{r \sin \theta}\frac{\partial}{\partial \phi} \right) \right\}$$

$$\hat{l}_y = -i\hbar \left\{ r \cos \theta \left(\sin \theta \cos \phi \frac{\partial}{\partial r} + \frac{\cos \theta \cos \phi}{r}\frac{\partial}{\partial \theta} - \frac{\sin \phi}{r \sin \theta}\frac{\partial}{\partial \phi} \right) \right.$$
$$\left. - r \sin \theta \cos \phi \left(\cos \theta \frac{\partial}{\partial r} - \frac{\sin \theta}{r}\frac{\partial}{\partial \theta} \right) \right\}$$

$$\hat{l}_z = -i\hbar \left\{ r \sin \theta \cos \phi \left(\sin \theta \sin \phi \frac{\partial}{\partial r} + \frac{\cos \theta \sin \phi}{r}\frac{\partial}{\partial \theta} + \frac{\cos \phi}{r \sin \theta}\frac{\partial}{\partial \phi} \right) \right.$$
$$\left. - r \sin \theta \sin \phi \left(\sin \theta \cos \phi \frac{\partial}{\partial r} + \frac{\cos \theta \cos \phi}{r}\frac{\partial}{\partial \theta} - \frac{\sin \phi}{r \sin \theta}\frac{\partial}{\partial \phi} \right) \right\}$$

を得る. これらを整理すると(9.5)が得られる.

[36]　$\hat{l}_x^2, \hat{l}_y^2, \hat{l}_z^2$ を関数 $f(\theta, \phi)$ に作用させると以下を得る.

$$\hat{l}_x^2 f = -\hbar^2 \left(\sin \phi \frac{\partial}{\partial \theta} + \cot \theta \cos \phi \frac{\partial}{\partial \phi} \right)\left(\sin \phi \frac{\partial}{\partial \theta} + \cot \theta \cos \phi \frac{\partial}{\partial \phi} \right)f$$

$$= -\hbar^2 \left\{ \sin^2 \phi \frac{\partial^2 f}{\partial \theta^2} + \sin \phi \cos \phi \frac{\partial}{\partial \theta}\left(\cot \theta \frac{\partial f}{\partial \phi} \right) \right.$$

$$+ \cot\theta\cos\phi\frac{\partial}{\partial\phi}\left(\sin\phi\frac{\partial f}{\partial\theta}\right) + \cot^2\theta\cos\phi\frac{\partial}{\partial\phi}\left(\cos\phi\frac{\partial f}{\partial\phi}\right)\bigg\}$$

$$= -\hbar^2\bigg\{\sin^2\phi\frac{\partial^2 f}{\partial\theta^2} + \sin\phi\cos\phi\left(-\frac{1}{\sin^2\theta}\frac{\partial f}{\partial\phi} + \cot\theta\frac{\partial^2 f}{\partial\theta\partial\phi}\right)$$

$$+ \cot\theta\cos\phi\left(\cos\phi\frac{\partial f}{\partial\theta} + \sin\phi\frac{\partial^2 f}{\partial\theta\partial\phi}\right)$$

$$- \cot^2\theta\cos\phi\left(\sin\phi\frac{\partial f}{\partial\phi} - \cos\phi\frac{\partial^2 f}{\partial\phi^2}\right)\bigg\}$$

$$\hat{l}_y^2 f = -\hbar^2\left(-\cos\phi\frac{\partial}{\partial\theta} + \cot\theta\sin\phi\frac{\partial}{\partial\phi}\right)\left(-\cos\phi\frac{\partial}{\partial\theta} + \cot\theta\sin\phi\frac{\partial}{\partial\phi}\right)f$$

$$= -\hbar^2\bigg\{\cos^2\phi\frac{\partial^2 f}{\partial\theta^2} - \sin\phi\cos\phi\frac{\partial}{\partial\theta}\left(\cot\theta\frac{\partial f}{\partial\phi}\right)$$

$$- \cot\theta\sin\phi\frac{\partial}{\partial\phi}\left(\cos\phi\frac{\partial f}{\partial\theta}\right) + \cot^2\theta\sin\phi\frac{\partial}{\partial\phi}\left(\sin\phi\frac{\partial f}{\partial\phi}\right)\bigg\}$$

$$= -\hbar^2\bigg\{\cos^2\phi\frac{\partial^2 f}{\partial\theta^2} - \sin\phi\cos\phi\left(-\frac{1}{\sin^2\theta}\frac{\partial f}{\partial\phi} + \cot\theta\frac{\partial^2 f}{\partial\theta\partial\phi}\right)$$

$$+ \cot\theta\sin\phi\left(\sin\phi\frac{\partial f}{\partial\theta} - \cos\phi\frac{\partial^2 f}{\partial\theta\partial\phi}\right)$$

$$+ \cot^2\theta\sin\phi\left(\cos\phi\frac{\partial f}{\partial\phi} + \sin\phi\frac{\partial^2 f}{\partial\phi^2}\right)\bigg\}$$

$$\hat{l}_z^2 f = -\hbar^2\frac{\partial^2 f}{\partial\phi^2}$$

これらを加え合わせると,以下を得る.

$$(\hat{l}_x^2 + \hat{l}_y^2 + \hat{l}_z^2)f = -\hbar^2\bigg\{\frac{\partial^2 f}{\partial\theta^2} + \cot\theta\frac{\partial f}{\partial\theta} + (\cot^2\theta + 1)\frac{\partial^2 f}{\partial\phi^2}\bigg\}$$

$$= -\hbar^2\bigg\{\frac{1}{\sin\theta}\frac{\partial}{\partial\theta}\left(\sin\theta\frac{\partial}{\partial\theta}\right) + \frac{1}{\sin^2\theta}\frac{\partial^2}{\partial\phi^2}\bigg\}f$$

よって,(9.6)が成り立つ.

[37] $\quad\dfrac{\mu_{\rm B}}{\mu_0} = \dfrac{e\hbar}{2m_{\rm e}} = \dfrac{1.602176565\times 10^{-19}\times 1.054571726\times 10^{-34}}{2\times 9.10938291\times 10^{-31}}$

$\qquad\qquad \approx 9.274\times 10^{-24}\,{\rm J/T}$

[38] $\boldsymbol{B} = (B_x(x,z), 0, B_z(x,z))$, $\boldsymbol{\mu} = (\mu_x, \mu_y, \mu_z)$ のとき,
$\boldsymbol{\mu}\cdot\boldsymbol{B} = \mu_x B_x(x,z) + \mu_y B_y(x,z)$ である.これより,

$$\frac{\partial}{\partial x}\boldsymbol{\mu}\cdot\boldsymbol{B} = \mu_x\frac{\partial B_x}{\partial x} + \mu_z\frac{\partial B_z}{\partial x}$$

$$\frac{\partial}{\partial y}\boldsymbol{\mu}\cdot\boldsymbol{B} = 0$$

$$\frac{\partial}{\partial z}\mu \cdot \boldsymbol{B} = \mu_x \frac{\partial B_x}{\partial z} + \mu_z \frac{\partial B_z}{\partial z}$$

である．これらを(10.2)に代入すると，与式が求まる．

[39] 一般に，$[AB, C] = A[B, C] + [A, B]C$ であるので
$$[\hat{\boldsymbol{j}}^2, \mathcal{H}] = \hat{\boldsymbol{j}}[\hat{\boldsymbol{j}}, \mathcal{H}] + [\hat{\boldsymbol{j}}, \mathcal{H}]\hat{\boldsymbol{j}}$$
が成り立つ．

また，
$$[\hat{\boldsymbol{j}}, \mathcal{H}] = [\hat{\boldsymbol{j}}, \mathcal{H}_0] + [\hat{\boldsymbol{j}}, \mathcal{H}_{\mathrm{so}}]$$
であるが，この式の右辺第1項は $[\hat{\boldsymbol{l}}, \mathcal{H}_0] = [b\hat{\boldsymbol{s}}, \mathcal{H}_{\mathrm{so}}] = 0$ であるので，ゼロである．また第2項は，(10.32)によりゼロである．よって，$[\hat{\boldsymbol{j}}, \mathcal{H}] = 0$ であり $[\hat{\boldsymbol{j}}^2, \mathcal{H}] = 0$ である．よって，(10.35)が導けた．

[40] $\alpha^\dagger \beta = \beta^\dagger \alpha = 0$ および $\alpha^\dagger \alpha = \beta^\dagger \beta = 1$ を用い，さらに，$l = l'$，$m = m'$，$j \neq j'$ のとき，(10.63)，(10.64) より
$$A^*_{lmjm_j} A_{lmjm'_j} + B^*_{lmjm_j} B_{lmj'm'_j} = \left(\sqrt{\frac{l-m}{2l+1}}\right)^2 + \left(\sqrt{\frac{l+m+1}{2l+1}}\right)^2 = 1$$
が得られる．

これより，以下のように計算できる．
$$\langle \mathcal{Y}_{lmjm_j} | \mathcal{Y}_{l'm'j'm'_j} \rangle$$
$$= \langle A_{lmjm_j} Y_l^m \alpha + B_{lmjm_j} Y_l^{m+1} \beta | A_{l'm'j'm'_j} Y_{l'}^{m'} \alpha + B_{l'm'j'm'_j} Y_{l'}^{m'+1} \beta \rangle$$
$$= A^*_{lmjm_j} A_{l'm'j'm'_j} \langle Y_l^m | Y_{l'}^{m'} \rangle \alpha^\dagger \alpha + A^*_{lmjm_j} B_{l'm'j'm'_j} \langle Y_l^m | Y_{l'}^{m'+1} \rangle \alpha^\dagger \beta$$
$$+ B^*_{lmjm_j} A_{l'm'j'm'_j} \langle Y_l^{m+1} | Y_{l'}^{m'} \rangle \beta^\dagger \alpha + B^*_{lmjm_j} B_{l'm'j'm'_j} \langle Y_l^{m+1} | Y_{l'}^{m'+1} \rangle \beta^\dagger \beta$$
$$= (|A_{lmjm_j}|^2 + |B_{lmjm_j}|^2) \delta_{ll'} \delta_{mm'} \delta_{jj'}$$
$$= \delta_{ll'} \delta_{mm'} \delta_{jj'}$$
よって，(10.66)を導けた．

索引

ア

アインシュタイン 1
安定軌道条件 11

イ

1次元井戸型ポテンシャル 36
異常ゼーマン効果 146
位相速度 23
一般解 30

ウ

ウイーン 3
　──の変位則 5
上向きスピン 135
ウーレンベック 130
運動方程式 53
運動量保存則 18

エ

エネルギー固有値 32
エネルギー保存則 17
エルミート演算子 104
エルミート共役 104
エルミート多項式 61
エーレンフェストの定理 116

オ

オブザーバブル 112

カ

ガイガー 10
ガウスの定理 175
角運動量 117
　スピン── 133
確率流密度 84
下降演算子 121
完全規格直交系 113, 176

キ

規格化 28
規格直交系 175
　完全── 113, 176
基底状態 40
球面調和関数 70
境界条件 38

ク

空洞輻射 3
クロネッカーのデルタ 39

ケ

決定論 102
ゲルラッハ 130
限界波長 8
原子単位 13, 71

コ

交換関係 105
格子振動 53

光電効果 1, 5
光量子 6
　──仮説 1
黒体輻射 1, 2
固体の熱伝導 53
固体比熱 53
古典統計力学 159
コンプトン 1, 16
　──波長 18

シ

時間依存シュレディンガー方程式 30
時間独立シュレディンガー方程式 32
しきい値振動数 7
磁気双極子 180
磁気単極子 185
磁気量子数 78
思考実験 98
仕事関数 7
下向きスピン 135
シッフ 113
ジャーマー 14
自由粒子 32
縮退 43
シュテルン 130
主量子数 78
シュレディンガー 21
　──方程式 24
循環構造 120
準粒子 112
上昇演算子 121

消滅演算子 112
ジーンズ 3
振動数 22
　——条件 11
振幅 22

ス

水素原子のスペクトル 1
数演算子 112
スピン角運動量 133
スピン軌道相互作用 137

セ

静止エネルギー 17
正常ゼーマン効果 128
生成演算子 111
摂動 149
ゼーマンエネルギー 128
前期量子論 1
線形結合 29
線形性 29

ソ

相対性理論 6
束縛状態 65
阻止電圧 7

タ

第1励起状態 40
第2励起状態 40
多体問題 28

チ

調和振動 54

テ

ディラック表記 103
デヴィソン 14
電気双極子 184
電子雲 102
電子線回折 1

ト

透過率 84
特殊解 30
ド・ブロイ 1, 14
　——波(物質波) 14
　——波長 15
トンネル効果 92
トンネル点 62

ナ

ナブラ 26

ニ

ニュートン法 50

ハ

ハイゼンベルグ 98
ハウトシュミット 130
波数 22
　——ベクトル 34
波長 22
　限界—— 8
　コンプトン—— 18
　ド・ブロイ—— 15
ハミルトニアン 26
バルマー 9
　——系列 9
反射率 84

ヒ

ピエール・キューリー 10
ビオ-サバールの法則 178
非線形 30
ヒルベルト空間 195

フ

不確定性原理 98
複素共役 40
物質波(ド・ブロイ波) 14
ブラウン運動 17
ブラッグ条件 14
プランク 1
　——定数 3
分子振動 53

ヘ

平面波 34
ヘルツ 5

ホ

ボーア 1, 10
　——磁子 126
　——半径 12
方位量子数 78
方向量子化 124
母関数 166
ボルツマン定数 3
ボルン 27
　——-オッペンハイマー近似 28

マ

マースデン　10
マックスウェル-ボルツマン分布　159
マリー・キュリー　10

ミ

ミリカン　6

ヤ

ヤコビアン　78

ラ

ライマン系列　9
ラゲール陪多項式　75
ラザフォード　10

リ

リュードベリ　9
　——定数　9
粒子　111
　自由——　32
　準——　112
量子化　40
　方向——　124
量子力学　21
量子論　21
　前期——　1

ル

ルジャンドール多項式　68
ルジャンドール陪多項式　69

レ

レイリー　3
レナード　5

ロ

ロドリゲスの公式　69
ローレンツ力　132

著者略歴

土屋 賢一
(つちや けんいち)

1958年 長野県生まれ
1977年 長野県立野沢北高等学校卒業
1981年 慶應義塾大学工学部計測工学科卒業
1983年 同 大学院工学研究科修士課程修了（工学修士）
1986年 同 大学院工学研究科博士課程単位取得満期退学
1986年 東京工業高等専門学校電子工学科講師
1990年 同 助教授
2004年 博士（工学）（岩手大学論文博士）
2011年 東京工業高等専門学校物質工学科教授（現在に至る.）
専攻　固体物性学

ベーシック　量子論

2013年8月25日　第1版1刷発行

検印省略		
定価はカバーに表示してあります.	著作者　土屋　賢一 発行者　吉野　和浩 　　　　〒102-0081東京都千代田区四番町8-1 発行所　電話　（03）3262-9166～9 　　　　株式会社　裳華房 印刷所　中央印刷株式会社 製本所　牧製本印刷株式会社	

社団法人
自然科学書協会会員

JCOPY〈（社）出版者著作権管理機構 委託出版物〉
本書の無断複写は著作権法上での例外を除き禁じられています．複写される場合は，そのつど事前に，（社）出版者著作権管理機構（電話03-3513-6969, FAX 03-3513-6979, e-mail: info@jcopy.or.jp）の許諾を得てください．

ISBN 978-4-7853-2241-0

© 土屋賢一，2013　　Printed in Japan

◇◇ 裳華房の量子力学分野の書籍 ◇◇

各 A5 判

基礎物理学選書 量子論（改訂版）　　小出昭一郎 著　　208 頁／定価 2625 円

量子力学への第一歩として定評のあるロングセラーの書．丁寧かつ無駄のない記述で初学者にもわかりやすく，既習者にも知識の整理に役立つように執筆．
【主要目次】1. 量子力学の誕生　2. シュレーディンガーの波動方程式　3. 定常状態の波動関数　4. 固有値と期待値　5. 原子・分子と固体　6. 電子と光

基礎物理学選書 量子力学（Ⅰ）（Ⅱ）（改訂版）

小出昭一郎 著　（Ⅰ）280 頁／定価 2835 円　（Ⅱ）226 頁／定価 2940 円

著者の長年の経験と教育的見地から，大変にバランスの取れた記述で定評ある教科書．量子力学をはじめて学ぶ方に最適．（Ⅰ）では 1 個の粒子の場合を取り扱い，（Ⅱ）では多粒子系の場合を扱い，第二量子化，相対論的電子論へと進める．【主要目次】（Ⅰ）1. 量子力学の誕生　2. 一粒子の波動関数　3. 波動関数と物理量　4. 中心力場内の粒子　5. 粒子の散乱　6. 行列と状態ベクトル　7. 摂動論と変分法　8. 電子のスピン　（Ⅱ）9. 多粒子系の波動関数　10. 原子と角運動量　11. 数表示と第二量子化　12. 相対論的電子論　13. 光子とその放出・吸収

裳華房フィジックスライブラリー 演習で学ぶ 量子力学　　小野寺嘉孝 著　　198 頁／定価 2415 円

演習に力点を置く構成とし，学んだことをすぐにその場で「演習」により確認するというスタイルを取り入れた．【主要目次】1. 光と物質の波動性と粒子性　2. 解析力学の復習　3. 不確定性関係　4. シュレーディンガー方程式　5. 波束と群速度　6. 1 次元ポテンシャル散乱、トンネル効果　7. 1 次元ポテンシャルの束縛状態　8. 調和振動子　9. 量子力学の一般論

工科系 量子力学　　椎木一夫 著　　258 頁／定価 2835 円

工学系学生向けの教科書として，理解に必要な数学は本書の中で復習するなど，省略なく懇切丁寧な解説を心がけた．【主要目次】1. はじめに　2. 波でもあるし粒子でもある量子力学的存在　3. 粒子の状態を表すにはどうすればよいか　4. 物理量はどのように表されるか　5. 箱の中に閉じ込められた粒子　6. 同種粒子は区別できない　7. 物理量を表す演算子　8. 角運動量とスピン　9. 量子力学は物理量の値を決められない　10. 結晶の中の粒子に対する簡単なモデル　11. 解析力学の方法　12. 水素原子の問題（Ⅰ）　13. 水素原子の問題（Ⅱ）　14. 量子力学の近似解法（Ⅰ）；摂動論　15. 量子力学の近似解法（Ⅱ）；変分法　16. 散乱の問題　17. 行列力学の基礎　18. さらに奥深く量子力学を学ぶために

量子力学 －基礎と物性－　　岸野正剛 著　　298 頁／定価 3570 円

物性の理解やデバイス特性の解析など，実際に量子力学を用いる立場にありながら，物理教育に十分な時間を割くことのできない工学部の学生を対象に，短期間での理解を目標とした．
【主要目次】1. 量子力学の必要性　2. 量子力学の基礎事項　3. 基礎的な問題への適用　4. 近似法とミニ・アドバンスド・コース　5. 物性への応用

裳華房テキストシリーズ-物理学 量子力学　　小形正男 著　　288 頁／定価 3045 円

基本的な事柄を詳しく解説した．1～4 章ではほとんど 1 次元シュレーディンガー方程式のみに限定し，6 章以降で 3 次元の問題を扱った．【主要目次】1. 量子力学的世界観　2. 平面波　3. 調和振動子　4. 波束　5. 量子力学の基礎づけ　6. 3 次元のシュレーディンガー方程式　7. 水素原子の波動関数　8. 角運動量の代数　9. スピン　10. 摂動論　11. 対称性と保存則

裳華房ホームページ　http://www.shokabo.co.jp/　　2013 年 8 月現在